输变电工程通信设计方案
典型案例解析

国网河南省电力公司经济技术研究院　组编

中国电力出版社
CHINA ELECTRIC POWER PRESS

图书在版编目（CIP）数据

输变电工程通信设计方案典型案例解析 / 国网河南省电力公司经济技术研究院组编. —北京：中国电力出版社，2024.4
ISBN 978-7-5198-8728-5

Ⅰ.①输… Ⅱ.①国… Ⅲ.①输电—电力通信网—工程设计—案例②变电所—电力通信网—工程设计—案例 Ⅳ.① TM73 ② TM63

中国国家版本馆 CIP 数据核字（2024）第 048276 号

出版发行：中国电力出版社
地　　址：北京市东城区北京站西街 19 号（邮政编码 100005）
网　　址：http://www.cepp.sgcc.com.cn
责任编辑：罗　艳（010-63412315）
责任校对：黄　蓓　马　宁
装帧设计：张俊霞
责任印制：石　雷

印　　刷：三河市航远印刷有限公司
版　　次：2024 年 4 月第一版
印　　次：2024 年 4 月北京第一次印刷
开　　本：710 毫米 ×1000 毫米　16 开本
印　　张：9
字　　数：150 千字
印　　数：0001—1000 册
定　　价：58.00 元

编委会

编写成员名单

　　新型电力系统具备安全高效、清洁低碳、柔性灵活、智慧融合四大重要特征，是实现"双碳"目标的重要载体，而电力通信网作为电网的神经中枢，是实现新型电力系统发展的重要基础设施和重要保障。

　　为更好地支撑新型电力系统的发展，加强电力系统智慧化运行体系建设，国家电网有限公司提升了电力通信网建设标准。但由于部分人员对各种标准的敏感性不高，依然存在设计深度不够、新标准执行力度不够、内审管控力度不够等问题。如光缆建设方案不尽合理、与工程相关的光缆现状梳理不清晰、方案的必要性与可行性分析不充分、未考虑系统远期发展及线路的施工条件等；专业衔接不够充分，未与系统一次、变电一次、线路等专业充分结合，未考虑其他专业变动给通信专业带来的影响；未与已有工程充分结合，未考虑地区技改项目、已审定项目等不同类型工程之间的关联性，光缆建设、设备配置与通道组织不尽合理等；影响工程设计质量和评审效率。

　　为更加规范高效开展输变电工程通信专业设计和评审，更好地进行科学规划和精准投资，我们在加强标准宣贯的同时，也针对新标准执行期间存在的问题进行了梳理，主要从110kV变电站光缆双路由接入、老旧光缆更换、光通信电路组织、与已审定工程之间的衔接、远期发展需求、保护通道组织等方面，精心挑选了具备典型性和代表性的案例，从现状、原设计方案、评审建议方案、评审依据等方面入手，统筹可行性、经济性、运维便利性，进行多方位解析，总结评审要点，以期为通信专业从业人员提供参考。希望通信专业设计人员能借鉴案例分析，综合多种因素，做出科学严谨高效的通信设计方案，提升基层单位电力通信专业人员的设计能力；运维与评审角度不同，考虑问题侧重点不同，希望通信专业运维人员统筹安全、经济等多种因素，协助优化通信方案设计；为电力通信网的建设提供技术支撑。

由于不同地区现状及规划发展不尽相同，书中难免存在不足之处，敬请广大读者批评指正。

编　者

2023 年 11 月

图例标注

报告附图中新建站点均标注为 Y 站，现有线路及光缆采用实线条表示，新建线路及光缆采用虚线条表示，具体图例如下：

◉ 500kV 变电站   ◎ 220kV 变电站

◎ 110kV 变电站   ◿ 220kV 电铁牵引站

⎓ 风电场   ◿ 110kV 电铁牵引站

◧ 光伏电站

光缆地理接线图

——— 500kV 光缆   – – – 新建 500kV 光缆

——— 220kV 光缆   – – – 新建 220kV 光缆

——— 110kV 光缆   – – – 新建 110kV 光缆

电网地理接线图

——— 500kV 线路   – – – 新建 500kV 线路

——— 220kV 线路   – – – 新建 220kV 线路

——— 110kV 线路   – – – 新建 110kV 线路

⟁⟁⟁ 500kV 同塔线路   ⟁⟁ 新建 500kV 同塔线路

⟁⟁⟁ 220kV 同塔线路   ⟁⟁ 新建 220kV 同塔线路

⟁⟁⟁ 110kV 同塔线路   ⟁⟁ 新建 110kV 同塔线路

光传输网络结构图

⑩ 10G 光设备   ——— 10G 带宽连接

2.5 2.5G 光设备   ——— 2.5G 带宽连接

622 622M 光设备   ——— 622M 带宽连接

⊖ 10G 宽带光缆跳纤点   – – – 新建 10G 带宽连接

⊖ 2.5G 宽带光缆跳纤点   – – – 新建 2.5G 带宽连接

⊖ 622M 宽带光缆跳纤点   – – – 新建 622M 带宽连接

目 录

前言

图例标注

一　光缆双路由接入 ·· 1

　　案例一　·· 2

　　案例二　·· 8

　　案例三　·· 15

二　老旧光缆更换 ·· 22

　　案例一　·· 23

　　案例二　·· 29

　　案例三　·· 34

　　案例四　·· 40

三　光通信电路组织 ·· 45

　　案例一　·· 46

　　案例二　·· 56

　　案例三　·· 63

四　与已有工程充分衔接 ·· 68

　　案例一　·· 69

案例二 ·· 77

案例三 ·· 84

五　兼顾远期发展需求 ······································ **91**

案例一 ·· 92

案例二 ··· 100

案例三 ··· 106

六　其他 ·· **111**

案例一 ··· 112

案例二 ··· 117

案例三 ··· 123

一

光缆双路由接入

　　本章节主要收录了 3 项关于 110kV 电压等级变电站双路由接入的相关问题。案例一和案例二均为 220kV 变电站 110kV 送出工程，在完善地区光缆网架时，未考虑 110kV 变电站光缆双路由接入要求。案例一结合现有光缆资源给出了满足双路由接入要求的建设方案；案例二综合线路施工条件给出了 2 种光缆建设方案；案例三为 110kV 输变电工程，在原建设方案的基础上，又综合线路实际情况给出了 3 种光缆建设方案。

案例一

电压等级：220kV 变电站 110kV 送出工程
评审类型：初设评审
评审时间：2021 年 2 月

一、接 入 系 统 方 案

220kV 出线规模：最终出线 6 回，本期 4 回，分别 Π 接 220kV B 站至 220kV C 站、B 站至 220kV D 牵引站 220kV 线路，形成 Y 站至 B 站 2 回 220kV 线路和 Y 站至 C 站、Y 站至 D 牵引站各 1 回 220kV 线路。

110kV 出线规模：最终出线 12 回，本期 5 回，分别 Π 接 110kV E 站至 110kV F 站、E 站至 B 站 110kV 线路，另新建 1 回 110kV 线路至 110kV A 站。

接入系统现状、接入系统方案如图 1-1、图 1-2 所示。

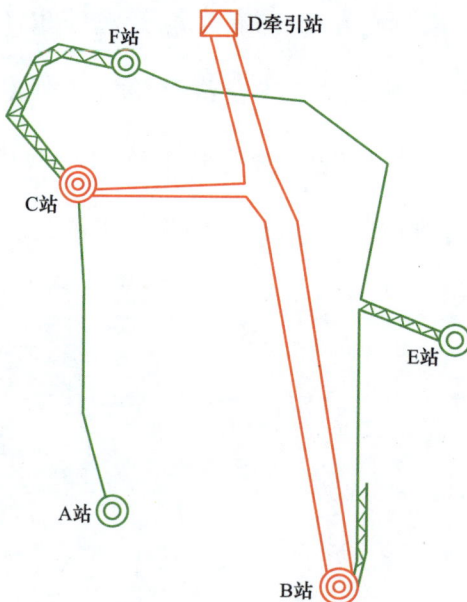

图 1-1　接入系统现状图

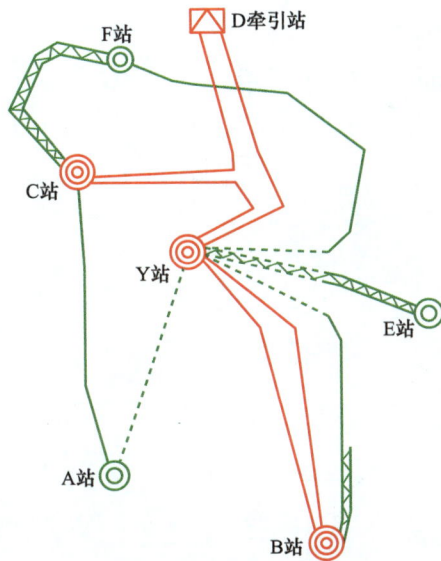

图 1-2　接入系统方案图

二、线路方案及路径选择

E 站至 F 站、E 站至 B 站 110kV 线路 E 站侧为同塔双回架设。

Y 站 Π 接 E 站至 F 站、E 站至 B 站 110kV 线路，Π 接点均在同塔双回线路转单回线路处；Y 站至 Π 接点新建 4 回 110kV 线路，两回采用同塔双回架设，两回采用单回路架设，形成 Y 站至 E 站同塔双回 110kV 线路，Y 站至 B 站、Y 站至 F 站各 1 回 110kV 线路。

Y 站至 A 站新建 1 回 110kV 线路采用单回架设。

三、系 统 通 信 现 状

B 站至 C 站、C 站至 D 牵引站 220kV 线路均有 1 根 24 芯 OPGW 光缆。

A 站—C 站—F 站—E 站 110kV 线路各有 1 根 24 芯 OPGW 光缆；B 站至 E 站 110kV 线路无光缆，E 站侧同塔双回线路有 2 根 24 芯 OPGW 光缆，其中 1 根为预留光缆。

相关站点光缆现状如图 1-3 所示。

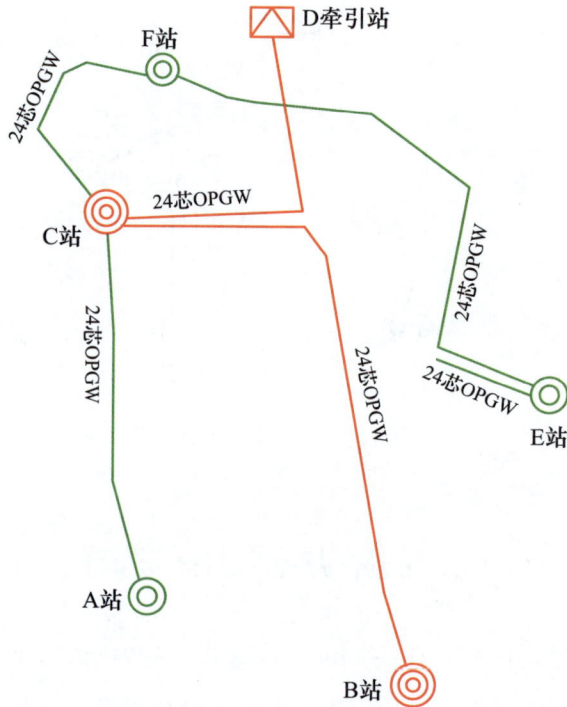

图 1-3　相关站点光缆现状图

四、系统通信原设计方案

1. 光缆建设方案

随 Y 站至线路 Π 接点新建 110kV 线路架设 OPGW 光缆，其中同塔双回线路架设 1 根 48 芯 OPGW 光缆，与 E 站侧同塔双回线路 2 根 24 芯 OPGW 光缆接续；单向线路各架设 1 根 48 芯 OPGW 光缆；最终形成 Y 站至 E 站 48 芯 OPGW 光缆，Y 站至 F 站 1 根 24 芯 OPGW 光缆，预留 1 根 48 芯 OPGW 光缆。

随 Y 站至 A 站新建 110kV 线路架设 1 根 48 芯 OPGW 光缆。

光缆接入方案如图 1-4 所示。

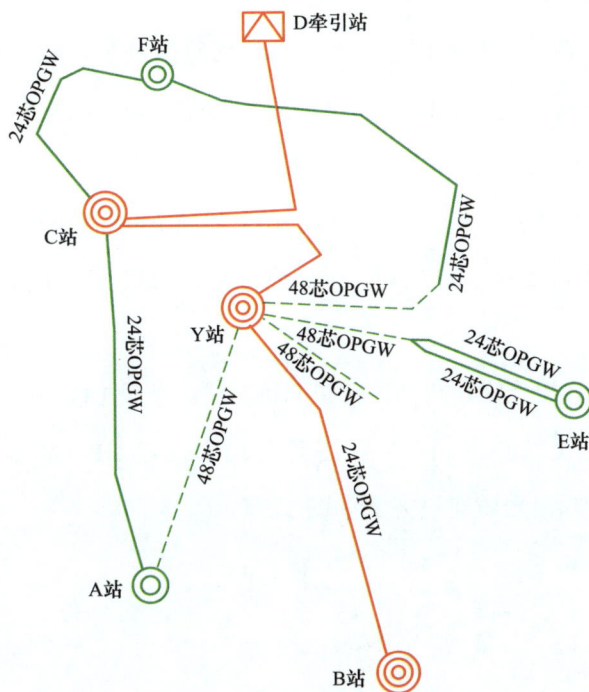

图 1-4　光缆接入方案图

2. 光通信电路

建设 Y 站至 E 站地网 SDH 622Mbit/s（1+1）光通信电路、Y 站至 F 站、
Y 站至 A 站 SDH 622Mbit/s（1+0）光通信电路；建设 Y 站至 E 站、Y 站
至 F 站、Y 站至 A 站 PTN 1Gbit/s（1+0）光通信电路。

3. 设备配置

Y 站地网 SDH 光传输设备新增 4 块光接口板、PTN 光传输设备新增
3 块 GE 板，A 站地网 SDH 光传输设备新增 1 块光接口板、PTN 光传输设
备新增 1 块 GE 板。

五、评审建议方案

1. 光缆建设方案

随 Y 站至 Π 接点新建同塔双回 110kV 线路架设 2 根 48 芯 OPGW 光缆，与 E 站侧同塔双回线路 2 根 24 芯 OPGW 光缆接续，形成 Y 站至 E 站 2 根 24 芯 OPGW 光缆。

随 Y 站至 Π 接点（F 站侧）新建 110kV 线路架设 1 根 48 芯 OPGW 光缆，与 F 站侧 110kV 线路 24 芯 OPGW 光缆接续，形成 Y 站至 F 站 1 根 24 芯 OPGW 光缆。

随 Y 站至 Π 接点（B 站侧）新建 110kV 线路架设 1 根 48 芯 OPGW 光缆。

随 Y 站至 A 站新建 110kV 线路架设 1 根 48 芯 OPGW 光缆。

评审建议方案光缆建设方案如图 1-5 所示。

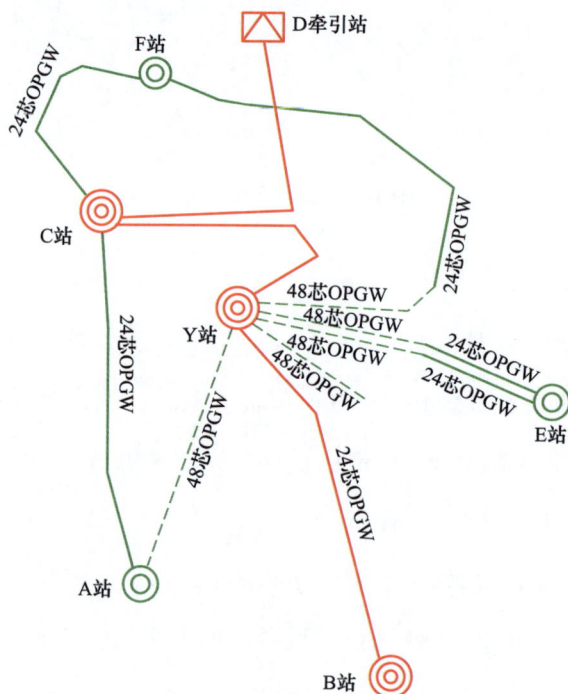

图 1-5　评审建议方案光缆建设方案图

2.光通信电路

设备配置与原设计方案一致。

3.设备配置

设备配置与原设计方案一致。

六、评 审 分 析

本案例调整了光缆建设方案，光通信电路和设备配置未做改动。

评审建议方案将 Y 站至 Π 接点新建同塔双回 110kV 线路光缆建设方案由 1 根 48 芯 OPGW 光缆调整为 2 根 48 芯 OPGW 光缆。具体原因为：

满足 110kV 站点双路由接入要求。《电力通信网规划设计技术导则》（Q/GDW 11358—2019）中规定："9.1.6 110/66kV 及以上变电站和 B 类及以上供电区域的 35kV 变电站应具备至少 2 个光缆路由；110kV 及以上电压等级变电站应具备 2 条及以上独立的光缆敷设通道。对于一次线路是单路由的重要电厂和终端变电站应同塔建设 2 根光缆，敷设形式可根据实际情况选用 OPGW、OPPC 或 ADSS。"Y 站 110kV 送出工程后，E 站作为末端站点接入系统，须满足 110kV 变电站双路由接入要求，提升 E 站接入系统的可靠性。

评审要点 ▶▶

电力通信建设中一直对 220kV 及以上变电站有双路由的要求，对 35、110kV 站点未做要求，但《电力通信网规划设计技术导则》（Q/GDW 11358—2019）修订后，对 35、110kV 站点光缆双路由进行了明确规定。

评审和设计时应注意相关导则、标准的变化，尤其应注意新标准的提出，在基建工程中有效执行。

案例二

电压等级：220kV 变电站 110kV 送出工程
评审类型：初设评审
评审时间：2022 年 5 月

一、接入系统方案

220kV 出线规模：最终出线 6 回，本期 4 回，至 220kV A 站和 220kV B 站各 2 回 220kV 线路。

110kV 出线规模：最终出线 12 回，本期 8 回，Π 接 110kV C 站至 110kV D 站 2 回 110kV 线路；新建 Y 站至 110kV E 站、Y 站至 110kV F 站各 2 回 110kV 线路；110kV F 站为规划站点，一期出线 2 回至 220kV Y 站，且 F 站 110kV 线路在 Y 站 110kV 送出线路工程中考虑，与 Y 站 110kV 送出工程同期投运；最终形成 Y 站至 C 站、Y 站至 D 站、Y 站至 E 站、Y 站至 F 站各 2 回 110kV 线路。

接入系统现状和接入系统方案如图 1-6、图 1-7 所示。

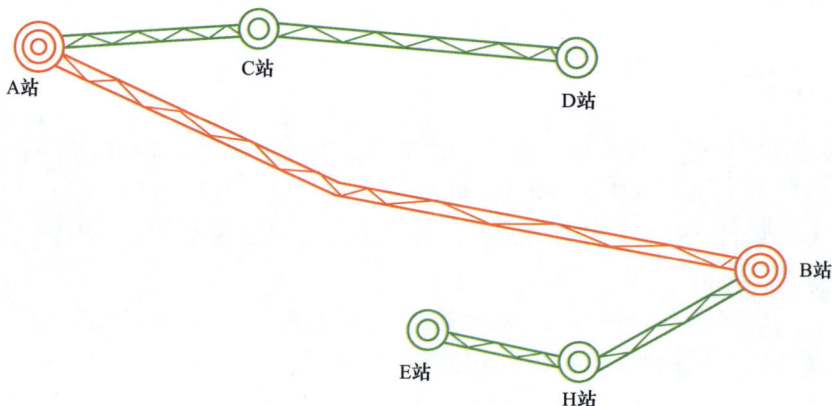

图 1-6　接入系统现状图

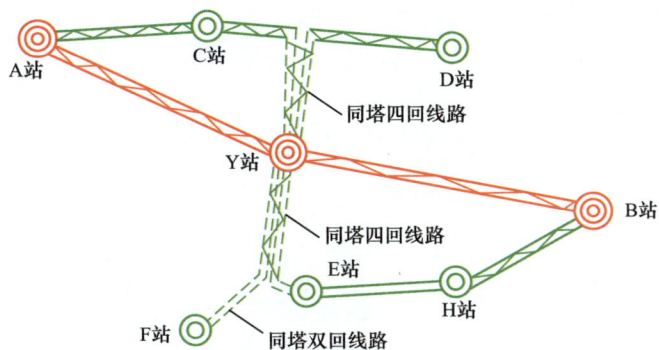

图 1-7 接入系统方案图

二、线路方案及路径选择

Y 站至 Π 接点（C 站至 D 站同塔双回 110kV 线路）新建 4 回 110kV 线路，采用同塔四回方式架设，路径长度约 2.5km。

Y 站至 E 站、Y 站至 F 站各 2 回 110kV 线路均采用同塔四回和同塔双回架设方式，其中同塔四回线路路径长度约 5.6km，同塔双回线路路径长度分别约 0.13、1.8km。

三、系统通信现状

Y 站至 A 站、Y 站至 B 站同塔双回 220kV 线路各有 2 根 72 芯 OPGW 光缆。

A 站至 C 站同塔双回 110kV 线路有 1 根 48 芯 OPGW 光缆；C 站至 D 站同塔双回 110 kV 线路有 2 根 48 芯 OPGW 光缆；E 站至 H 站、H 站至 B 站 110kV 线路各有 1 根 24 芯 OPGW 光缆。

光缆现状如图 1-8 所示。

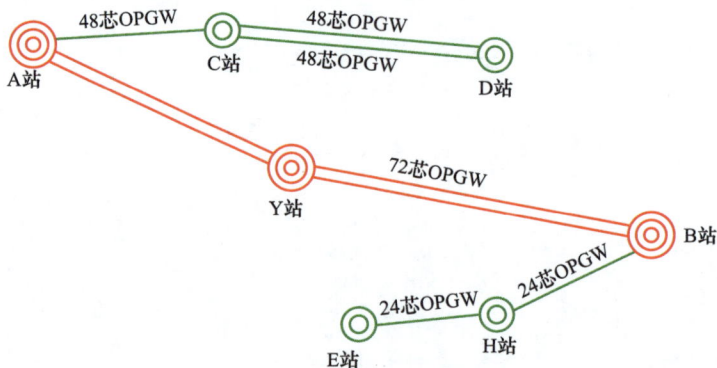

图 1-8　光缆现状图

四、系统通信原设计方案

1. 光缆建设方案

随 Y 站至 Π 接点（C 站至 D 站 110kV 线路）新建同塔四回 110kV 线路架设 2 根 72 芯 OPGW 光缆，Π 接原线路 1 根 48 芯 OPGW 光缆，形成 Y 站至 C 站、Y 站至 D 站各 1 根 48 芯 OPGW 光缆。

随 Y 站至 E 站、Y 站至 F 站新建 110kV 线路架设 72 芯 OPGW 光缆，其中同塔四回段线路架设 2 根光缆，同塔双回路段各架设 1 根光缆，最终形成 Y 站至 E 站、Y 站至 F 站各 1 根 72 芯 OPGW 光缆。原设计方案光缆建设方案如图 1-9 所示。

2. 光通信电路

建设 Y 站至 C 站、Y 站至 D 站、Y 站至 E 站地网 SDH 622Mbit/s（1+0）光通信电路和 PTN 1Gbit/s（1+0）光通信电路。

建设 Y 站至 F 站地网 SDH 622Mbit/s（1+1）光通信电路和 PTN 1Gbit/s（1+1）光通信电路（在 F 站本体工程中考虑）。

3. 设备配置

Y 站地网 SDH 光传输设备新增 3 块 622Mbit/s 光接口板、PTN 设备新增 3 块 GE 板；E 站地网 SDH 光传输设备新增 1 块 622Mbit/s 光接口板、PTN 设备新增 1 块 GE 板。

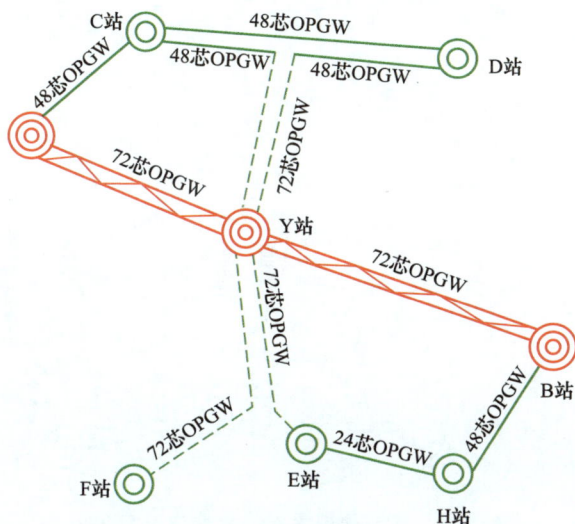

图 1-9 原设计方案光缆建设方案图

五、评审建议方案

（一）评审建议方案一

1. 光缆建设方案

随 Y 站至 Π 接点（C 站至 D 站 110kV 线路）新建同塔四回 110kV 线路架设 2 根 72 芯 OPGW 光缆，Π 接原线路 1 根 48 芯 OPGW 光缆，形成 A 站至 C 站、A 站至 D 站各 1 根 48 芯 OPGW 光缆。

随 Y 站至 E 站、Y 站至 F 站（规划）新建 110kV 线路架设 OPGW 光缆，其中同塔四回线路架设 2 根 72 芯、同塔双回线路各架设 1 根 72 芯光缆和 1 根 48 芯光缆（2 根 48 芯 OPGW 光缆在同塔四回转同塔双回处接续），

最终形成 Y 站至 E 站、Y 站至 F 站各 1 根 72 芯 OPGW 光缆，E 站至 F 站
1 根 48 芯 OPGW 光缆。

评审建议方案一光缆建设方案如图 1-10 所示。

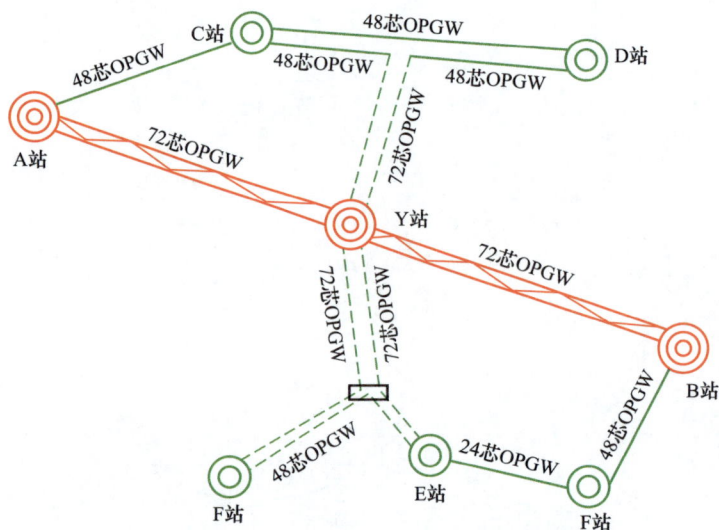

图 1-10　评审建议方案一光缆建设方案图

2. 光通信电路

建设 Y 站至 C 站、Y 站至 D 站、Y 站至 E 站、Y 站至 F 站、E 站至 F
站地网 SDH 622Mbit/s（1+0）光通信电路和 PTN 1Gbit/s（1+0）光通信电路。

3. 设备配置

Y 站地网 SDH 光传输设备新增 3 块 622Mbit/s 光接口板、PTN 设备新
增 3 块 GE 板；E 站地网 SDH 光传输设备新增 1 块 622Mbit/s 光接口板、
PTN 设备新增 1 块 GE 板。

（二）评审建议方案二

1. 光缆建设方案

随 Y 站至 Π 接点（C 站至 D 站 110kV 线路）新建同塔四回 110kV 线
路架设 2 根 72 芯 OPGW 光缆，Π 接原线路 1 根 48 芯 OPGW 光缆，形成

Y 站至 C 站、Y 站至 D 站各 1 根 48 芯 OPGW 光缆。

随 Y 站至 E 站、Y 站至 F 站（规划）新建 110kV 线路架设 OPGW 光缆，其中同塔四回线路架设 2 根 72 芯，至 E 站同塔双回线路段架设 1 根 48 芯光缆，至 F 站同塔双回线路段架设 2 根 48 芯光缆，最终形成 Y 站至 E 站 1 根 48 芯 OPGW 光缆、Y 站至 F 站 2 根 48 芯 OPGW 光缆。

评审建议方案二光缆建设方案如图 1-11 所示。

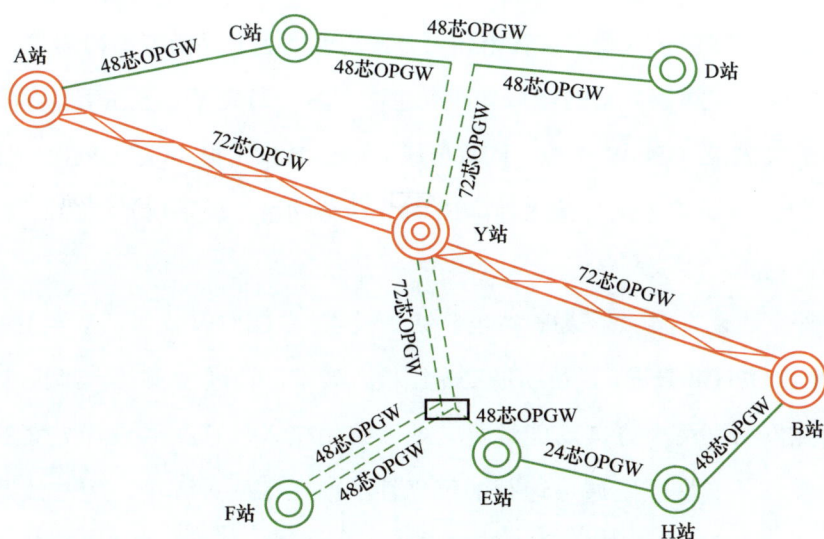

图 1-11 评审建议方案二光缆建设方案图

2. 光通信电路

光通信电路与设计方案一致。

3. 设备配置

设备配置与原设计方案一致。

六、评 审 分 析

评审建议方案主要调整了 Y 站至 E 站、Y 站至 F 站光缆建设方案，光通信电路随光缆建设方案进行了调整，其他未做调整。光缆建设方案进行调整的原因如下：

一是需满足 110kV 站点双路由需求。原光缆设计方案中，随 Y 站至 F 站、Y 至 E 站各架设 1 根 72 芯 OPGW 光缆，光缆随一次线路架设、网架结构清晰，利于线路施工，但《电力通信网规划设计技术导则》（Q/GDW 11358—2019）中规定，"9.1.6 110/66kV 及以上变电站和 B 类及以上供电区域的 35kV 变电站应具备至少 2 个光缆路由"，因此原光缆设计方案不满足 F 站点双路由接入要求；评审建议方案均能满足 F 站点双路由需求。

二是评审建议方案的选择。评审建议方案一形成 Y 站至 F 站、Y 至 E 站各 1 根 72 芯 OPGW 光缆，同时形成 F 站至 E 站 1 根 48 芯 OPGW 光缆，F 站通过 Y 站、E 站两点接入地区 SDH 光传输网络，满足双光缆接入要求，可靠性较高。

评审建议方案二形成 Y 站至 F 站 2 根 48 芯 OPGW 光缆、Y 至 E 站 1 根 48 芯 OPGW 光缆，F 站满足双光缆接入要求，通过 Y 站接入地区 SDH 光传输网络。两个方案均能满足 F 站双路由接入，且在原设计方案的基础上提升了 F 站系统通信运行的可靠性；但在实施过程中，应与线路专业人员、地区通信运维人员进行深度结合，在充分考虑系统通信运行可靠性的基础上，综合线路施工可行性、运维便利性等因素，给出最优的建设方案。

评审要点 ▶▶

光缆建设方案应首先满足电网安全运行可靠性及相关规程规定的要求（如 110 kV 站点双路由要求）；其次，还应与其他专业进行衔接，统筹施工可行性、运维便利性等因素给出最优方案，必要时可进行方案比选。

案例三

电压等级：110kV 输变电工程

评审类型：初设评审

评审时间：2022 年 3 月

一、接入系统方案

110kV 出线规模：最终出线 4 回，本期 2 回，Π 接 220kV A 站至 220kV B 站 Ⅰ 回 110kV 线路，形成 Y 站至 A 站、Y 站至 B 站各 1 回 110kV 线路。

与系统专业核实，未来几年，该地区网架基本不会有大的变动。

接入系统现状和接入系统方案分别如图 1-12、图 1-13 所示。

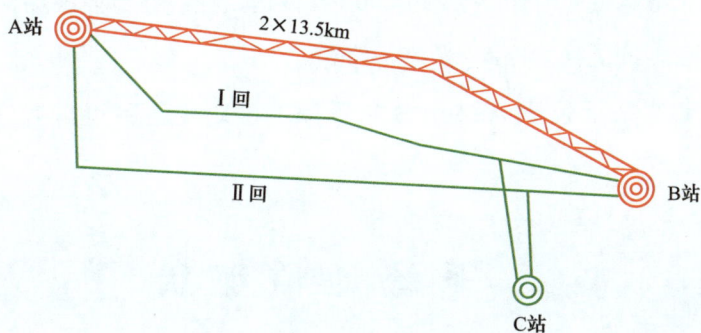

图 1-12　接入系统现状图

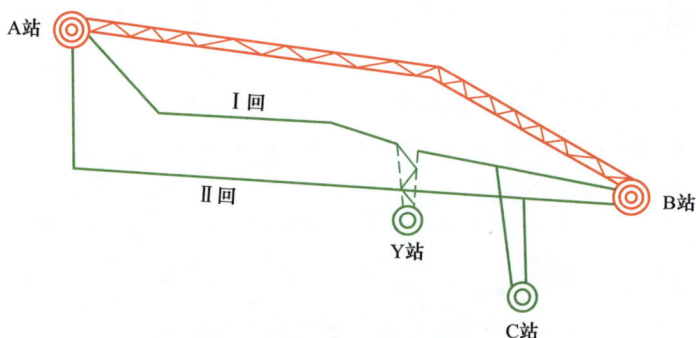

图 1-13　接入系统方案图

二、线路方案及路径选择

Y 站至 Π 接点新建 2 回 110kV 线路采用同塔双回架设方式，线路路径长度约 0.5km；Y 站至 A 站、Y 站至 B 站、Y 站至 C 站线路路径长度分别约 10、4.5、4.3km。

A 站至 B 站 Ⅰ 回 110kV 线路 2007 年投运，经线路专业现场踏勘校验，杆塔不具备地线更换 OPGW 光缆条件。

另：Y 站站址位于 A 站至 B 站 Ⅱ 回 110kV 线路附近，直线距离约 0.02km。

三、系 统 通 信 现 状

A 站至 B 站 220kV 线路现有 2 根 48 芯 OPGW 光缆；A 站至 B 站 Ⅰ 回 110kV 线路无光缆，A 站至 B 站 Ⅱ 回 110kV 线路有 1 根 24 芯 ADSS 光缆；C 站投运后，形成 A 站至 C 站、B 站至 C 站各 1 根 24 芯 ADSS 光缆。光缆现状如图 1-14 所示。

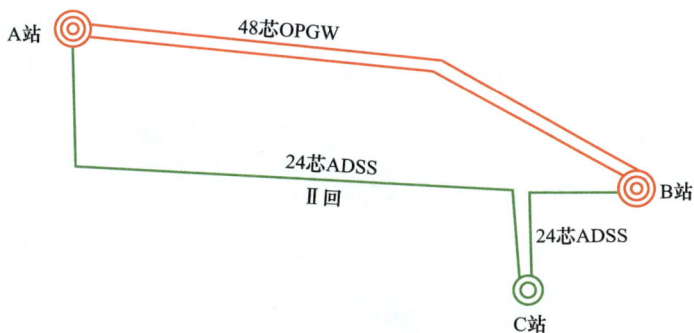

图 1-14　光缆现状图

四、系统通信原设计方案

1．光缆建设方案

随 Y 站至 Π 接点新建同塔双回 110kV 线路架设 2 根 48 芯 OPGW 光缆，随 Π 接点至 B 站、Π 接点至 C 站 110kV 线路各架设 1 根 48 芯 ADSS 光缆，最终形成 Y 站至 B 站、Y 站至 C 站各 1 根 48 芯光缆。原设计方案光缆建设方案如图 1-15 所示。

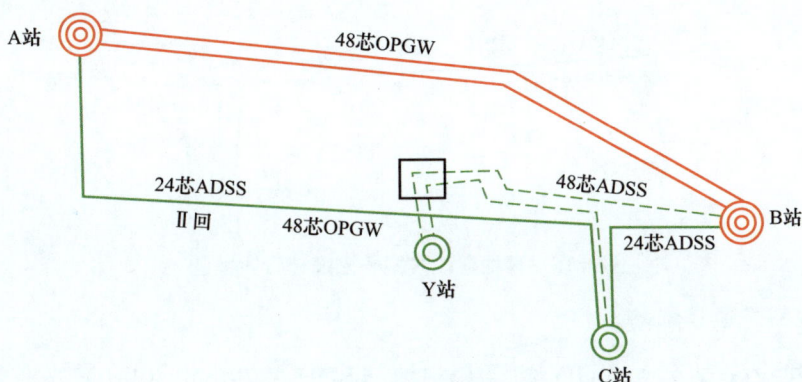

图 1-15　原设计方案光缆建设方案图

2．光通信电路

建设 Y 站至 B 站、Y 站至 C 站地网 SDH 622Mbit/s（1+0）光通信电路和 PTN 1Gbit/s（1+0）光通信电路。

3．设备配置

Y 站配置地网 SDH 622Mbit/s 平台光传输设备 1 套、接入层 PTN 光传输设备 1 套；B 站、C 站地网 SDH 光传输设备各新增 1 块 622Mbit/s 光接口板，PTN 光传输设备各新增 1 块 GE 板。

五、其 他 建 议 方 案

（一）其他建议方案一

1．光缆建设方案

将 A 站至 B 站 Ⅱ 回 110kV 线路 1 根 24 芯 ADSS 光缆 Π 接入 Y 站，形成 Y 站至 A 站、Y 站至 C 站各 1 根 24 芯光缆。

其他建议方案一光缆建设方案如图 1-16 所示。

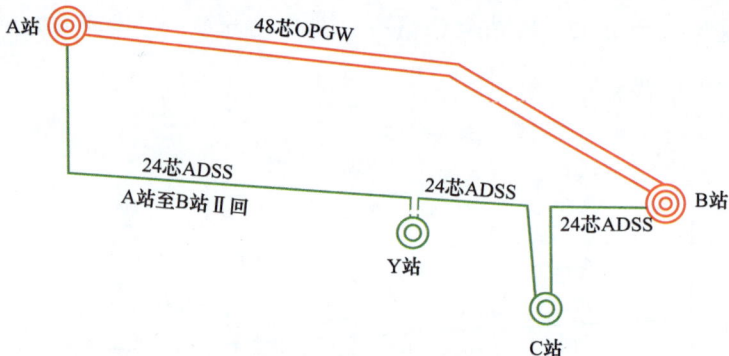

图 1-16　其他建议方案一光缆建设方案图

2．光通信电路

建设 Y 站至 A 站、Y 站至 C 站地网 SDH 622Mbit/s（1+0）光通信电路和 PTN 1Gbit/s（1+0）光通信电路。

3．设备配置

Y 站配置地网 SDH 622Mbit/s 平台光传输设备 1 套、接入层 PTN 光传输设备 1 套。

（二）其他建议方案二

1. 光缆建设方案

随 Y 站至 Π 接点新建同塔双回 110kV 线路架设 2 根 48 芯 OPGW 光缆，随 Π 接点至 A 站、Π 接点至 B 站 110kV 线路各架设 1 根 48 芯 ADSS 光缆，最终形成 Y 站至 A 站、Y 站至 B 站各 1 根 48 芯光缆。

其他建议方案二光缆建设方案如图 1-17 所示。

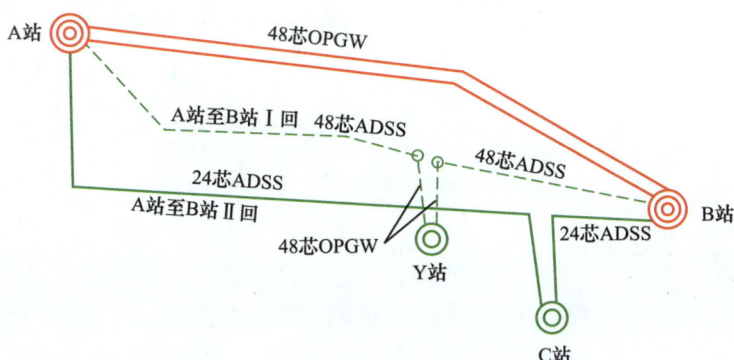

图 1-17　其他建议方案二光缆建设方案图

2. 光通信电路

建设 Y 站至 A 站、Y 站至 B 站地网 SDH 622Mbit/s（1+0）光通信电路和 PTN 1Gbit/s（1+0）光通信电路。

3. 设备配置

Y 站配置地网 SDH 622Mbit/s 平台光传输设备 1 套、接入层 PTN 设备 1 套。

A 站、B 站地网 SDH 光传输设备各新增 1 块 622Mbit/s 光接口板，PTN 设备各新增 1 块 GE 板。

（三）其他建议方案三

1. 光缆建设方案

随 Y 站至 Π 接点新建同塔双回 110kV 线路架设 2 根 48 芯 OPGW 光缆，随 Π 接点至 A 站、Π 接点至 C 站 110kV 线路各架设 1 根 48 芯

ADSS 光缆，最终形成 Y 站至 A 站、Y 站至 C 站各 1 根 48 芯光缆。其他建议方案三光缆建设方案如图 1-18 所示。

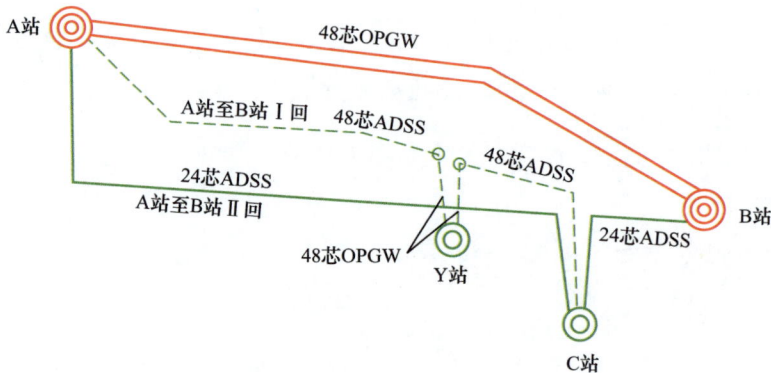

图 1-18　其他建议方案三光缆建设方案图

2. 光通信电路

建设 Y 站至 A 站、Y 站至 C 站地网 SDH 622Mbit/s（1+0）光通信电路和 PTN 1Gbit/s（1+0）光通信电路。

3. 设备配置

Y 站配置地网 SDH 622Mbit/s 平台光传输设备 1 套、接入层 PTN 光传输设备 1 套。A 站、C 站地网 SDH 光传输设备各新增 1 块 622Mbit/s 光接口板，PTN 光传输设备各新增 1 块 GE 板。

六、评 审 分 析

该案例中的 4 种建设方案均能满足 Y 站接入要求，不论是原设计方案还是 3 个其他建议方案均考虑了 Y 站光缆双路由接入需求。

原设计方案从经济性方面入手，充分考虑了线路长度，利用 Y 站至 B 站、Y 站至 C 站 110kV 线路各架设了 1 根 48 芯 ADSS 光缆，形成 B 站—Y 站—C 站—B 站、A 站—C 站—B 站的网架结构，但 Y 站至 A 站 110kV

线路无光缆，若后期有系统站Π接该 110kV 线路，依然会受到制约。

其他建议方案一，A 站至 B 站Ⅱ回 110kV 线路有 1 根 24 芯 ADSS 光缆，该线路距离 Y 站仅 0.02km，将该线路上 1 根 24 芯 ADSS 光缆Π接入 Y 站，形成 A 站—Y 站—C 站—B 站 1 根 24 芯 ADSS 光缆。该方案充分考虑了光缆资源，节约了投资，但未能解决 Y 站至 A 站、Y 站至 B 站 110kV 线路光缆问题；且线路与光缆不同路径，为后期运维带来不便。

其他建议方案二，除新建线路架设光缆外，随Π接点至 A 站、Π接点至 B 站 110kV 线路各架设 1 根 48 芯 ADSS 光缆，形成了 Y 站至 A 站、Y 站至 B 站各 1 根 48 芯光缆，满足了光缆与线路同路径的需求，易于运维，在一定程度上缓解了 Y 站至 A 站、Y 站至 B 站 110kV 线路光缆紧张的问题。

其他建议方案三，除新建线路架设光缆外，随Π接点至 A 站、Π接点至 C 站 110kV 线路各架设 1 根 48 芯 ADSS 光缆，形成了 Y 站至 A 站、Y 站至 C 站各 1 根 48 芯光缆。该方案与其他建议方案二相比，将随Π接点至 B 站 110kV 线路架设 1 根 48 芯 ADSS 光缆，调整为随Π接点至 C 站 110kV 线路架设 1 根 48 芯 ADSS 光缆。该方案中因为 Y 站至 B 站、Y 站至 C 站线路路径长度分别约为 4.5、4.3km，经济性不明显，故区别不大，在其他线路路径长度差别较大时可考虑该方案。

因为 A 站至 B 站Ⅰ回 110kV 线路运行时间长，不满足地线更换 OPGW 光缆的条件，使得光缆建设方案受到限制。在实际实施时，应充分考虑系统远期规划，统筹地区通信运维需求，综合经济性、可实施性、可靠性等因素，给出最优方案。

评审要点 ▶▶▶

光缆建设方案在满足站点接入需求的同时，应充分考虑可靠性、经济性、可实施性等因素，统筹规划、运维等需求，必要时应对多个方案进行比选。

二

老旧光缆更换

　　本章节共收录了 4 项老旧线路光缆、地线更换光缆的案例，分别涉及 2 项 220kV 和 2 项 110kV 电压等级输变电工程。案例一为 220kV 输变电工程，更换了原线路光缆，未结合线路条件将原光缆进行充分利用；案例二是以案例一为基础，未考虑施工期间过渡方案问题；案例三为 110kV 输变电工程，涉及将 12 芯 ADSS 光缆更换为 24 芯 ADSS 光缆的问题；案例四为 110kV 输变电工程，涉及将原线路地线更换为 OPGW 光缆的问题。

案例一

工程类型：220kV 输变电工程
评审类型：可研评审
评审时间：2020 年 7 月

一、接 入 系 统 方 案

220kV 出线规模：220kV 规划出线 6 回，本期出线 2 回，Π 接 220kV A 站至 220kV B 站Ⅱ回 220kV 线路。

A 站至 B 站有两回 220kV 线路，分别为 A 站至 B 站Ⅰ回、Ⅱ回 220kV 线路。接入系统现状和接入系统方案如图 2-1、图 2-2 所示。

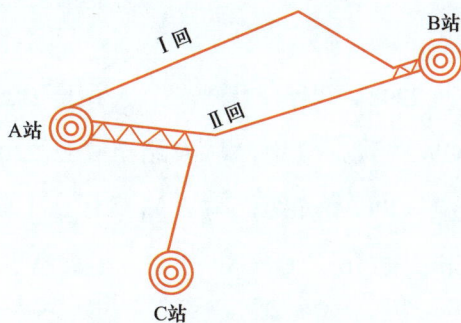

图 2-1　接入系统现状图

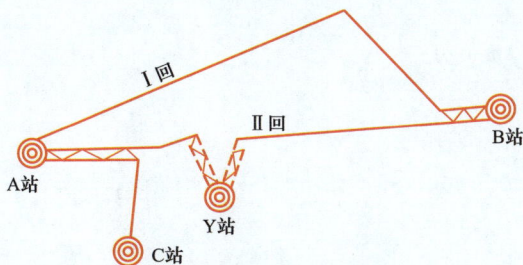

图 2-2　接入系统方案图

二、线路方案及路径选择

A 站至 B 站 Ⅰ 回、Ⅱ 回 220kV 线路在 B 站侧采用同塔架设，长度约 1km；A 站至 B 站 Ⅱ 回 220kV 线路在 A 站侧与 A 站至 C 站 220kV 线路同塔双回架设，长度约 4km。

随 Y 站至 Π 接点新建 220kV 线路均采用同塔双回架设，其中，Y 站至 Π 接点（A 站侧）约 2km，Y 站至 Π 接点（B 站侧）约 1.6km；Π 接点至 A 站约 9km，Π 接点至 B 站约 17km，最终形成 Y 站至 A 站、Y 站至 B 站线路路径长度分别约 11、18.6km。

三、相 关 通 信 现 状

1. 光缆现状

A 站至 B 站 Ⅰ 回 220kV 线路上无光缆；A 站至 B 站 Ⅱ 回 220kV 线路上有 1 根 16 芯 OPGW 光缆，其中，与 A 站至 C 站 220kV 线路同塔双回路段架设有 2 根 16 芯 OPGW 光缆，与 A 站至 B 站 Ⅰ 回 220kV 线路同塔双回段为 1 根地线和 1 根 16 芯 OPGW 光缆。相关站点光缆现状如图 2-3 所示。

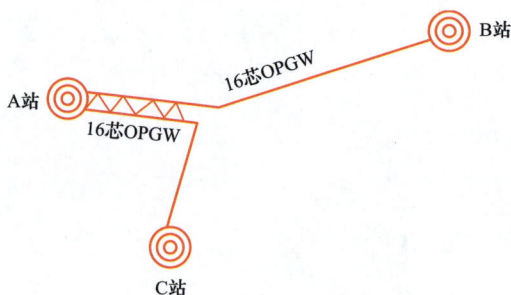

图 2-3　相关站点光缆现状图

>>>

2. 业务承载情况

A 站至 B 站 II 回 220kV 线路上的 1 根 16 芯 OPGW 光缆已无剩余纤芯，主要承载的有 A 站至 B 站省网、地网 SDH 光通信电路、PTN 光通信电路、A 站至 B 站 I 回、II 回 220kV 线路光纤差动保护等业务。

四、系统通信原设计方案

1. 光缆建设方案

随 Y 站至 II 接点新建 220kV 线路各架设 2 根 72 芯 OPGW 光缆，将 II 接点至 A 站、II 接点至 B 站 1 根 16 芯 OPGW 光缆均更换为 1 根 72 芯 OPGW 光缆，最终形成 Y 站至 A 站、Y 站至 B 站各 1 根 72 芯 OPGW 光缆。原设计方案光缆建设方案如图 2-4 所示。

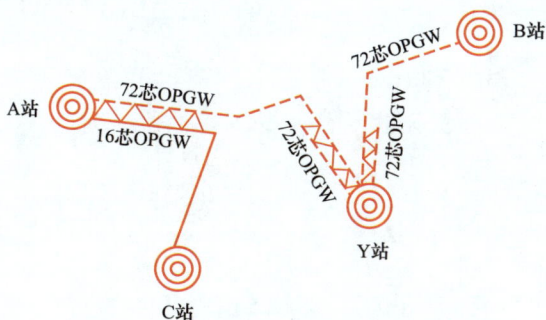

图 2-4 原设计方案光缆建设方案图

2. 光通信电路

建设 Y 站至 A 站、Y 站至 B 站省网 2.5Gbit/s（1+0）、地网 10Gbit/s（1+0）、PTN 10Gbit/s（1+0）光通信电路。

3. 设备配置

Y 站配置省网 SDH 2.5Gbit/s 平台光传输设备 1 套、地网 SDH 10Gbit/s 平台光传输设备 1 套、汇聚层 PTN 光传输设备 1 套。

五、评审建议方案

1. 光缆建设方案

随 Y 站至 Ⅱ 接点（A 站侧）新建同塔双回 220kV 线路架设 2 根 72 芯 OPGW 光缆，将 Ⅱ 接点至 A 站 1 根 16 芯 OPGW 光缆更换为 1 根 72 芯 OPGW 光缆，最终形成 Y 站－A 站 1 根 72 芯 OPGW 光缆。

随 Y 站至 Ⅱ 接点（B 站侧）新建同塔双回 220kV 线路架设 2 根 72 芯 OPGW 光缆，将 Ⅱ 接点至 B 站 1 根地线更换为 1 根 72 芯 OPGW 光缆，最终形成 Y 站至 B 站 1 根 16 芯和 1 根 72 芯 OPGW 光缆。评审建议方案光缆建设方案如图 2-5 所示。

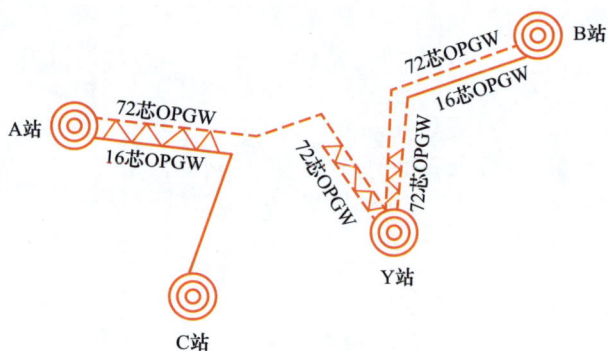

图 2-5 评审建议方案光缆建设方案图

2. 光通信电路

光通信电路建设方案与原设计方案一致。

3. 设备配置

设备配置方案与原设计方案一致。

六、评审分析

本案例主要调整了光缆建设方案，光通信电路及设备配置未做改动。

评审建议方案保留了 Π 接点至 B 站的 1 根 16 芯 OPGW 光缆，将 Π 接点至 B 站的 1 根地线更换为了 1 根 72 芯 OPGW 光缆，形成了 Y 站至 B 站 1 根 16 芯和 1 根 72 芯 OPGW 光缆，优化了光缆建设方案，光缆资源得到充分利用，尤其是在 220kV 线路保护要求宜"双设备、三路由"的情况下，使得 Y 站至 B 站 220kV 线路更易组织保护通道。

现从以下几个方面对本工程光缆建设方案进行分析。

一是 A 站至 B 站现状光缆资源紧缺。A 站至 B 站有两回 220kV 线路，均为单回路架设，其中 A 站至 B 站 I 回 220kV 线路上无光缆，本期工程 Π 接的 A 站至 B 站 II 回 220kV 线路上有 1 根 16 芯 OPGW 光缆，且已无备用纤芯，A 站至 B 站光缆资源紧缺。

二是线路情况。首先，与线路专业核实，杆塔等线路条件满足将地线更换为 OPGW 光缆的条件。其次，Π 接点至 A 站有一段同塔双回架设线路，其上有两根 16 芯 OPGW 光缆，且另一回线路近期无改造计划；B 站出口处有约 1km 与 A 站至 B 站 I 回 220kV 线路同塔架设，有 1 根 16 芯 OPGW 光缆和 1 根地线，说明 B 站侧同塔双回线路具备将地线更换为光缆的条件，但 A 站侧同塔双回均架设有 2 根光缆，原 16 芯 OPGW 光缆很难保留。

三是建设必要性。对于本工程而言，Y 站 Π 接 A 站至 B 站 II 回 220kV 线路，Π 接原线路光缆，能够满足 Y 站点接入需求。但考虑到 16 芯 OPGW 光缆纤芯已用完，无备用纤芯，且 A 站与 B 站之间只有这一条光缆，业务一旦中断，会影响电网的安全稳定运行，且 A 站和 B 站均处于地区光缆网架重要位置。从整体性、安全性、网架结构等方面考虑，需考虑 Y 站至 B 站、Y 站至 A 站光缆资源冗余问题。

综合以上因素，首先建议维持 A 站至 B 站原 16 芯 OPGW 光缆，同时将 Π 接点至 A 站、Π 接点至 B 站的 1 根地线更换为 1 根 72 芯 OPGW 光缆。但考虑 Π 接点至 A 站同塔双回路段有 2 根 16 芯 OPGW 光缆，且近期另一回 220kV 线路及光缆均无改造计划，该方案在同塔双回路段不能维持原 16 芯光缆接通，因此放弃该方案。

另外，若将 Π 接点至 A 站 1 根地线更换为 1 根 72 芯 OPGW 光缆，线路部分在同塔双回路段施工难度大，鉴于上述分析，Π 接点至 A 站建议将 1 根 16 芯 OPGW 光缆更换为 1 根 72 芯 OPGW 光缆。

B 站出口有约 1km 同塔双回架设，与 A 站至 B 站 I 回 220kV 线路同塔架设，但该部分同塔双回线路只有 1 根 16 芯 OPGW 光缆，因此，建议将 Π 接点至 B 站 1 根地线更换为 1 根 72 芯 OPGW 光缆，形成 Y 站至 B 站 1 根 16 芯和 1 根 72 芯 OPGW 光缆。

评审要点 ▶▶▶

光缆建设方案在涉及老旧线路时，首先应考虑光缆资源的充分利用，若原线路为 1 根光缆和 1 根地线，应考虑将原线路的地线更换为光缆，保留原线路光缆。其次，还应综合考虑线路建设条件，尤其是同塔多回线路光缆情况，力求在充分利用现有光缆资源的基础上，使光缆建设方案最优。

案例二

工程类型：220kV 输变电工程过渡方案
评审类型：可研评审
评审时间：2020 年 7 月

说明：本案例是在上一个案例的基础上进行解析，主要说明过渡方案，为了形成独立的案例，部分内容可能与上一个案例重复，特此说明。

一、接入系统方案

220kV 出线规模：220kV 规划出线 6 回，本期出线 2 回，Π 接 220kV A 站至 220kV B 站 Ⅱ 回 220kV 线路。

A 站至 B 站有两回 220kV 线路，分别为 A 站至 B 站 Ⅰ 回、Ⅱ 回 220kV 线路。接入系统现状和接入系统方案如图 2-6、图 2-7 所示。

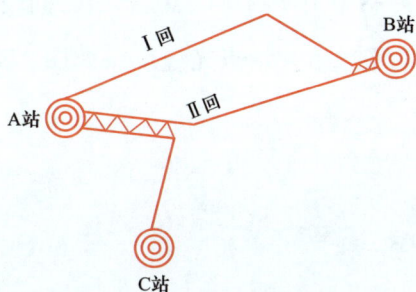

图 2-6 接入系统现状图

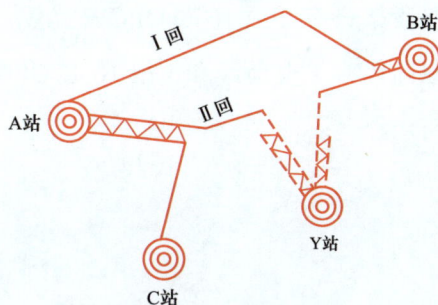

图 2-7 接入系统方案图

二、线 路 方 案

A 站至 B 站Ⅰ回、Ⅱ回 220kV 线路在 B 站侧采用同塔架设，长度约 1km；A 站至 B 站Ⅱ回 220kV 线路在 A 站侧与 A 站至 C 站 220kV 线路同塔双回架设，长度约 4km。

随 Y 站至 Π 接点新建 220kV 线路均采用同塔双回架设，其中，Y 站至 Π 接点（A 站侧）约 2km，Y 站至 Π 接点（B 站侧）约 1.6km；Π 接点至 A 站约 9km，Π 接点至 B 站约 17km，最终形成 Y 站至 A 站、Y 站至 B 站线路路径长度分别约 11、18.6km。

三、相 关 通 信 现 状

1.光缆现状

A 站至 B 站Ⅰ回 220kV 线路上无光缆；A 站至 B 站Ⅱ回 220kV 线路上有 1 根 16 芯 OPGW 光缆，其中，与 A 站至 C 站 220kV 线路同塔双回路段架设有 2 根 16 芯 OPGW 光缆，与 A 站至 B 站Ⅰ回 220kV 线路同塔双回段为 1 根地线和 1 根 16 芯 OPGW 光缆。相关站点光缆现状如图 2-8 所示。

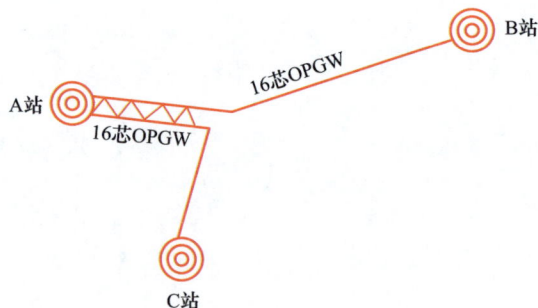

图 2-8 相关站点光缆现状图

2. 业务承载情况

A 站至 B 站 II 回 220kV 线路上的 1 根 16 芯 OPGW 光缆芯数已无剩余纤芯，主要承载的有 A 站至 B 站省网、地网 SDH 光通信电路、PTN 光通信电路、A 站至 B 站 I 回、II 回 220kV 线路光纤差动保护等业务。

四、系 统 通 信 方 案

1. 光缆建设方案

随 Y 站至 Π 接点（A 站侧）新建 220kV 线路架设 72 芯 OPGW 光缆，其中同塔双回段架设 2 根光缆，单回路段架设 1 根光缆，将 Π 接点至 A 站 1 根 16 芯 OPGW 光缆更换为 1 根 72 芯 OPGW 光缆，最终形成 Y 站至 A 站 1 根 72 芯 OPGW 光缆。

随 Y 站至 Π 接点（B 站侧）新建 220kV 线路架设 2 根 72 芯 OPGW 光缆，将 Π 接点至 B 站 1 根地线更换为 1 根 72 芯 OPGW 光缆，最终形成 Y 站至 B 站 1 根 16 芯和 1 根 72 芯 OPGW 光缆，光缆建设方案如图 2-9 所示。

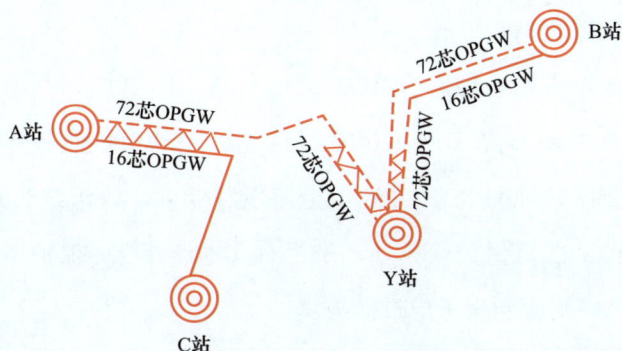

图 2-9　光缆建设方案图

2. 光通信电路

建设 Y 站至 A 站、Y 站至 B 站省网 2.5Gbit/s（1+0）、地网 10Gbit/s

（1+0）、PTN 10Gb/s（1+0）光通信电路。

3．设备配置

Y 站配置省网 SDH 2.5Gbit/s 平台光传输设备 1 套、地网 SDH 10Gb/s 平台光传输设备 1 套、汇聚层 PTN 光传输设备 1 套。

五、评 审 分 析

本案例延续上一个案例，具体方案不再赘述，主要说明本工程在设计过程中应重点关注的过渡方案。

送审方案中，未提出过渡方案。

一般情况下，施工期间，光缆断开时间较长，需考虑过渡方案。本工程牵涉到更换光缆，Y 站至 A 站是将原线路 1 根 16 芯 OPGW 光缆更换为 1 根 72 芯 OPGW 光缆，更换光缆长度约 9km，施工时间较大。

原 16 芯光缆承载业务情况：施工期间，A 站至 B 站Ⅱ回 220kV 线路停电施工，但 A 站至 B 站Ⅰ回 220kV 线路不停电，且无光缆，其光纤差动保护承载在 A 站至 B 站Ⅱ回 16 芯光缆上，施工期间，需考虑 A 站至 B 站Ⅰ回 220kV 线路保护过渡方案。

A 站至 B 站省网、地网 SDH 光通信电路：因更换光缆施工时间超过 8h，除考虑 A 站至 B 站Ⅰ回 220kV 线路光纤差动保护业务外，还应梳理 A 站至 B 站省网、地网 SDH 光通信电路承载业务，除承载 A 站至 B 站Ⅰ回、Ⅱ回 220kV 线路保护业务外，是否有其他线路 2M 保护通过该站点进行迂回，若有，则应同步考虑过渡方案。

因此，本工程需在可研设计时将该条光缆上承载的业务梳理清楚，并考虑过渡方案。

评审要点

　　方案设计时，一定要注意光缆断开的时间、承载的业务，必要时需要同步考虑过渡方案，且应提前与相关部门沟通过渡方案的可行性，以免为后期施工带来不便。

案例三

工程类型：110kV 输变电工程
评审类型：可研评审
评审时间：2021 年 2 月

一、接 入 系 统 方 案

110kV 出线规模：最终 4 回，本期 2 回，Π 接 220kV C 站至 110kV E 站的 110kV 线路，形成 Y 站至 C 站、Y 站至 E 站各 1 回 110kV 线路；远期（约 2025 年）Y 站分别再新建 1 回 110kV 线路至 C 站和 E 站，接入系统现状、接入系统方案及远期电网规划分别如图 2-10～图 2-12 所示。

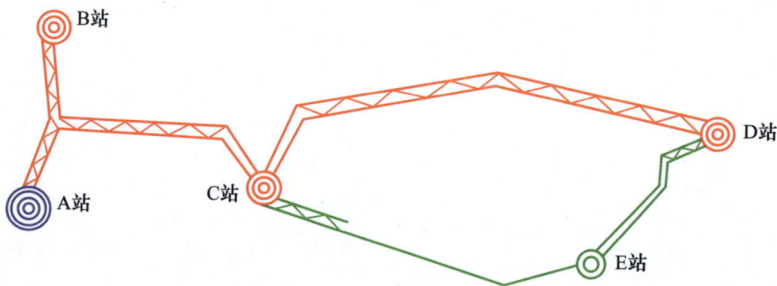

图 2-10　接入系统现状图

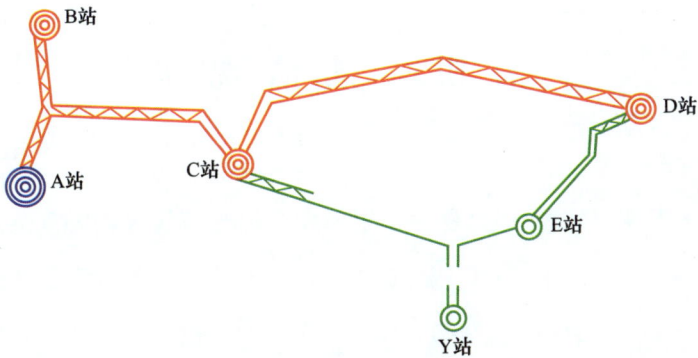

图 2-11　接入系统方案图

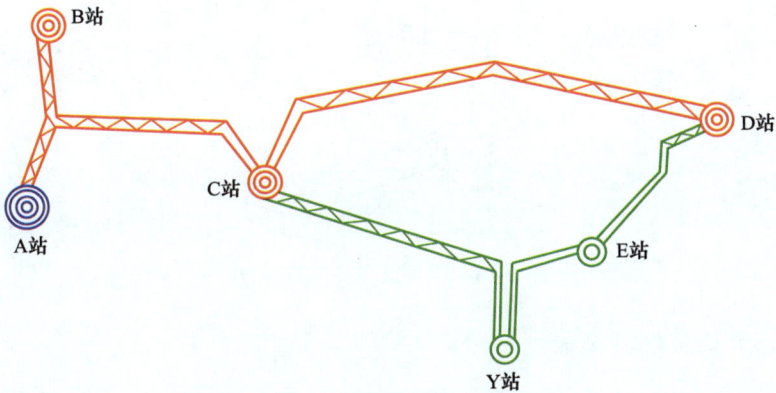

图 2-12　远期电网规划图

二、线路方案及路径选择

C 站至 E 站部分 110kV 线路为 2002 年投运的混凝土杆，已运行近 20 年。

Y 站至 Π 接点新建 2 回 110kV 线路均采用电缆敷设方式，路径长度约 0.5km。

三、相关通信现状

1. 光缆现状

C 站至 E 站 110kV 线路现有 1 根光缆，但光缆情况相对复杂，其中同塔双回路段为 2 根 24 芯 OPGW 光缆，单回线路中，老旧混凝杆段架设有 1 根 12 芯 ADSS 光缆，长度约 4.5km，其余为 1 根 24 芯 OPGW 光缆。相关站点光缆现状如图 2-13 所示。

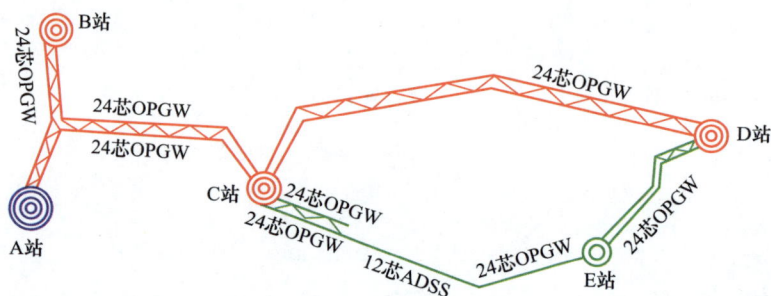

图 2-13　相关站点光缆现状图

2. 光通信电路现状

E 站至 C 站、E 站至 D 站均开通有地网 SDH 622Mbit/s（1+0）光通信电路、PTN 1Gbit/s（1+0）光通信电路。

四、系统通信原设计方案

1. 光缆建设方案

随 Y 站至 Π 接点新建 110kV 电缆线路敷设 2 根 48 芯管道光缆，Π 接原线路光缆，并将原线路 1 根 12 芯 ADSS 光缆更换为 1 根 24 芯 ADSS 光缆，最终形成 Y 站至 C 站、Y 站至 E 站各 1 根 24 芯光缆。原设计方案光缆建设方案如图 2-14 所示。

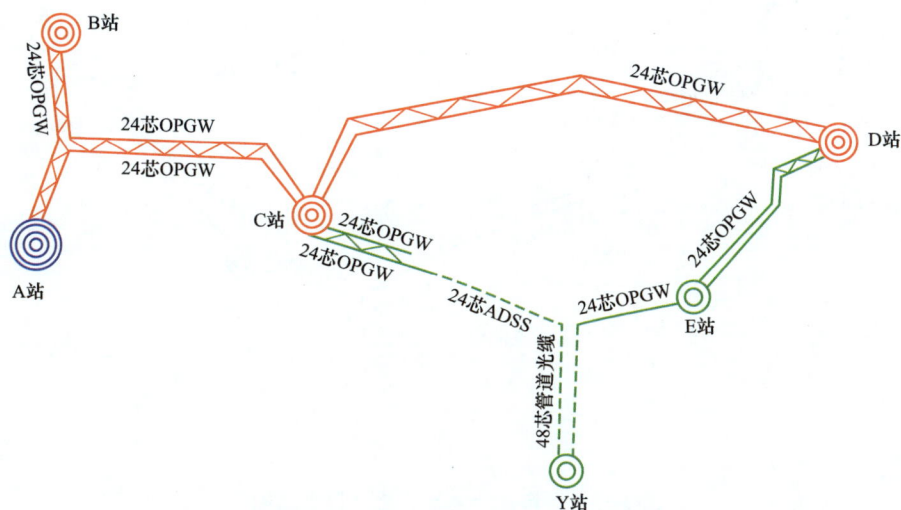

图 2-14　原设计方案光缆建设方案图

2. 光通信电路

建设 Y 站至 C 站、Y 站至 E 站地网 SDH 622Mbit/s（1+0）光通信电路、PTN 1Gbit/s（1+0）光通信电路。

3. 设备配置

Y 站配置地网 SDH 622Mbit/s 平台光传输设备 1 套、接入层 PTN 光传输设备 1 套。

五、评审建议方案

1. 光缆建设方案

随 Y 站至 Π 接点新建 110kV 电缆线路敷设 2 根 48 芯管道光缆，Π 接原线路光缆，形成 Y 站至 C 站 1 根 12 芯光缆、Y 站至 E 站 1 根 24 芯光缆，评审建议方案光缆建设方案如图 2-15 所示。

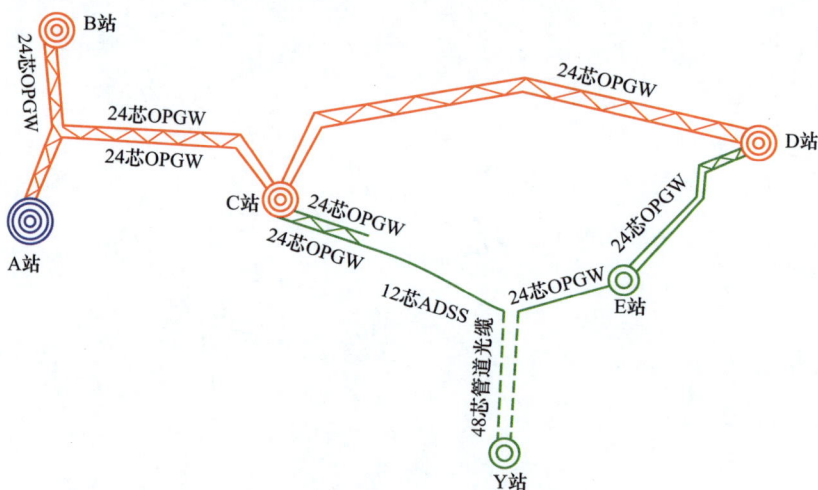

图 2-15　评审建议方案光缆建设方案图

2. 光通信电路

光通信电路建设方案与设计方案一致。

3. 设备配置

设备配置方案与原设计方案一致。

六、评 审 分 析

本案例只调整了光缆建设方案，光通信电路及设备配置未做改动。

评审建议方案取消了老旧线路段将 1 根 12 芯 ADSS 光缆更换为 1 根 24 芯 ADSS 光缆的方案。具体原因为：

一是现状光缆满足 110kV 站点双路由需求。现状中，E 站通过 C 站和 D 站两点接入地区光纤通信环网，满足 E 站光缆双路由要求。本期 Y 站 Π 接 C 站至 E 站光缆后，通过 C 站和 E 站接入地区光纤通信环网，E 站和 Y 站均满足光缆双路由要求。

二是远期规划可提升光缆可靠性。Y 站规划 4 回出线，本期出线 2 回，远期，约 2025 年，分别新建 1 回 110kV 线路至 C 站和 E 站，结合现有同塔双回线路光缆情况，远期 Y 站至 C 站可再增加 1 根 24 芯 +48 芯光缆，Y 站至 E 站可再增加 1 根 48 芯光缆，可完善 Y 站光缆资源，提升电网运行可靠性。远期光缆规划建设情况如图 2-16 所示。

　　三是经济性不高。 C 站至 E 站老旧线路为 2002 年投运的混凝杆，已运行 20 年，与线路专业核实，线路杆塔不具备将地线更换为 OPGW 光缆的条件，且将 1 根 12 芯 ADSS 光缆更换为 24 芯 ADSS 光缆，也需对线路杆塔进行加固，且加固方案复杂、费用较高。从地区整体拓扑结构来看，该部分光缆非出城和重要断面光缆。

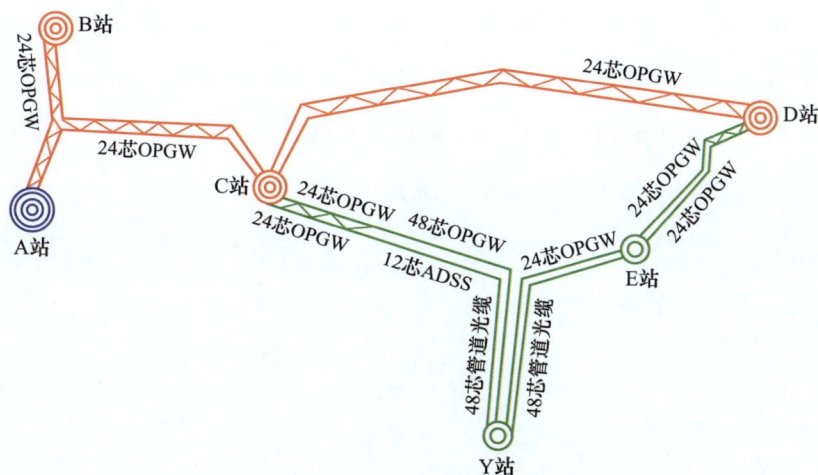

图 2-16　远期光缆规划建设情况图

　　因此，综合现状、经济性、必要性及远期规划，建议维持原老旧线路光缆现状。

评审要点 ▷▷▷

　　若原线路架设的是 ADSS 光缆，应结合必要性及线路条件，首先考虑更换为 OPGW 光缆；如果线路条件不允许更换为 OPGW 光缆，若更换为纤芯相对富裕的 ADSS 光缆，需重点分析更换的必要性。

案例四

工程类型：110kV 输变电工程
评审类型：可研评审
评审时间：2021 年 12 月

一、接入系统方案

110kV 出线规模：最终 4 回，本期 4 回，分别 Π 接 220kV A 站至 110kV D 站、A 站至 110kV E 站的 110kV 线路，形成 Y 站至 A 站 2 回 110kV 线路、Y 站至 D 站、Y 站至 E 站各 1 回 110kV 线路。接入系统现状、接入系统方案分别如图 2-17、图 2-18 所示。

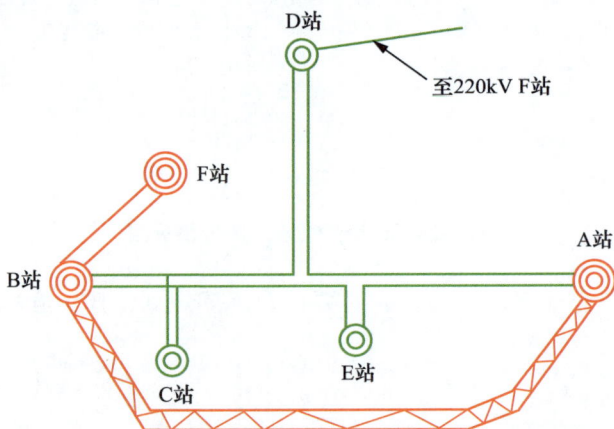

图 2-17　接入系统现状图

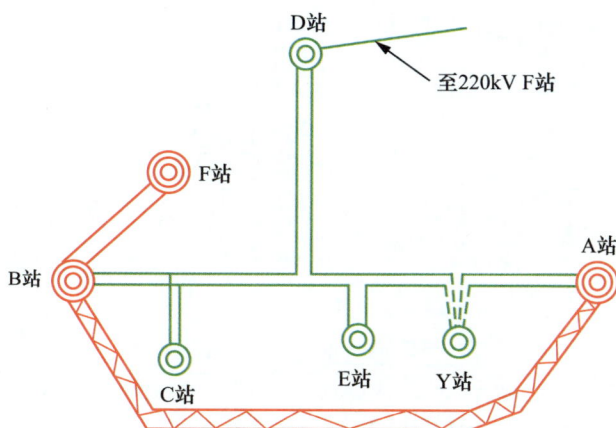

图 2-18　接入系统方案图

二、线路方案及路径选择

　　Y 站至 Π 接点新建 110kV 线路均采用电缆敷设，路径长度约 0.2km；Y 站至 A 站、Y 站至 E 站 110kV 线路路径长度分别为 3.4、2.8km。

　　A 站—E 站—C 站—B 站 110kV 线路均为单回架空线路，B 站至 C 站、C 站至 E 站 110kV 线路部分区段为 2010 年至 2014 年间投运，且为水泥杆线路，不具备将普通地线整体更换为 OPGW 光缆的可行性。A 站至 E 站 110kV 线路情况较好，具备将普通地线整体更换为 OPGW 光缆的条件。

三、相关通信现状

1. 光缆现状

　　A 站至 B 站 220kV 线路有 1 根 36 芯 OPGW 光缆，B 站至 F 站 220kV 线路有 2 根 36 芯 OPGW 光缆。

　　A 站—E 站—C 站—B 站 110kV 线路均有 1 根 24 芯 ADSS 光缆，B 站至 D 站 110kV 线路有 1 根 48 芯 ADSS 光缆，A 站至 D 站 110kV 线路无

光缆，光缆现状如图 2-19 所示。

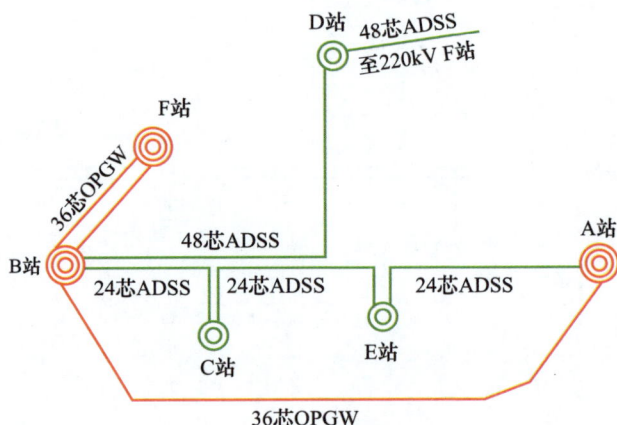

图 2-19   光缆现状图

2. 光缆承载业务现状

该部分区域光缆为省级网络东西互联重要区段光缆，光缆承载业务较多。

A 站至 B 站 220kV 线路的 1 根 36 芯 OPGW 光缆，承载有二级网、三级网及四级网等多级网络业务，已用 34 芯，仅剩余 2 芯；A 站至 E 站 24 芯 ADSS 光缆已无剩余纤芯。

四、系统通信原设计方案

1. 光缆建设方案

随 Y 站至 Π 接点新建 110kV 电缆线路敷设 2 根 48 芯管道光缆，并将 Π 接点至 A 站、Π 接点至 E 站 110kV 线路的 1 根地线更换为 1 根 48 芯 OPGW 光缆，最终形成 Y 站至 A 站、Y 站至 E 站各 1 根 48 芯光缆。原设计方案光缆建设方案如图 2-20 所示。

2.光通信电路

建设 Y 站至 A 站、Y 站至 E 站地网 SDH 622Mbit/s（1+0）光通信电路、PTN 1Gbit/s（1+0）光通信电路。

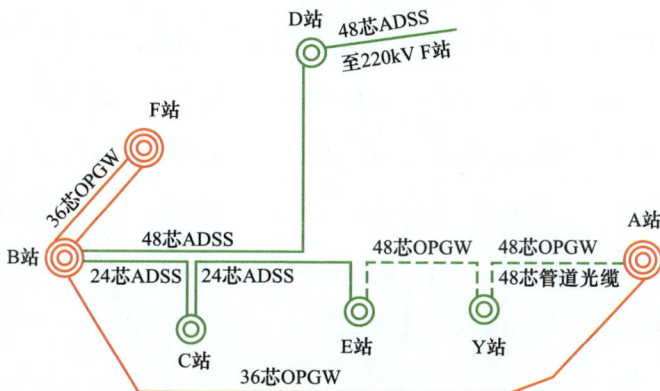

图 2-20　原设计方案光缆建设方案图

3.设备配置

Y 站配置地网 SDH 622Mbit/s 平台光传输设备 1 套、接入层 PTN 光传输设备 1 套。

五、评审建议方案

评审建议方案与设计方案一致。

六、评审分析

本案例未对原设计方案进行改动，将原 110kV 线路 1 根地线更换为 1 根 48 芯 OPGW 光缆，主要原因如下。

一是线路满足地线更换 OPGW 光缆的条件。经与线路专业核实，无需对线路杆塔进行加固，A 站至 E 站 110kV 线路满足将 1 根地线更换为

1 根 48 芯 OPGW 光缆的条件；且线路距离短，Π 接点至 A 站、Π 接点至 B 站线路路径长度分别约 3.2、2.6km；因此，将地线更换为 OPGW 光缆可行且经济代价不高。

二是该区域光缆可靠性亟需加强。该区段光缆承载了多级通信业务，且是省级通信网络东西互联重要通道；220kV 线路 1 根 36 芯 OPGW 光缆仅剩余 2 芯，A 站—E 站—C 站—B 站 110kV 线路仅有 1 根 24 芯 ADSS 光缆，且 A 站至 E 站段光缆已无剩余纤芯，电网的安全稳定运行存在一定的隐患。因此，Y 站 Π 接 A 站至 E 站 110kV 线路，在线路条件满足将 1 根地线更换为 1 根 48 芯 OPGW 光缆时，应适时增加该区段光缆冗余度，提升光缆运行可靠性，保障电网的安全稳定运行。

评审要点 ▶▶

部分老旧线路光缆资源不足、可靠性不高，若线路满足将地线更换为 OPGW 光缆的条件，可统筹该区域光缆资源整体情况、系统一次远期规划及经济性等因素，适时考虑将地线更换为 OPGW 光缆，提升电网的安全稳定运行。

三

光 通 信 电 路 组 织

　　本章节共收录 3 项案例，其中 2 项 220kV 变电站 110kV 送出工程，1 项新能源场站 110kV 线路送出工程。案例一为 220kV 变电站 110kV 送出工程，区域网架、光通信电路已相对清晰完善，光缆随线路 Π 接后，综合多方因素给出了多种光通信电路组织方案；案例二为 220kV 变电站 110kV 送出工程，涉及出城光通信电路组织方案；案例三为新能源 110kV 线路送出工程，主要涉及光通信电路跳接问题。

案例一

工程类型：220kV 变电站 110kV 送出工程
评审类型：可研评审
主要问题：地区光缆网架优化
评审时间：2020 年 11 月

一、接入系统方案

220kV 出线规模：最终出线 6 回，本期 4 回，分别 Π 接 220kV D 站至 220kV E 站Ⅰ回、Ⅱ回 220kV 线路，形成 Y 站至 D 站、Y 站至 E 站各 2 回 220kV 线路。

110kV 出线规模：最终出线 12 回，本期 4 回，分别 Π 接 110kV A 站至 D 站、110kV B 站至 D 站 110kV 线路。

接入系统现状、接入系统方案如图 3-1、图 3-2 所示。

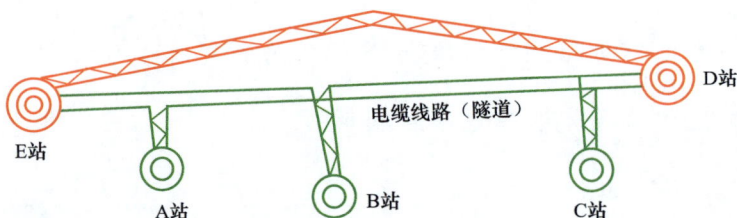

图 3-1　接入系统现状图

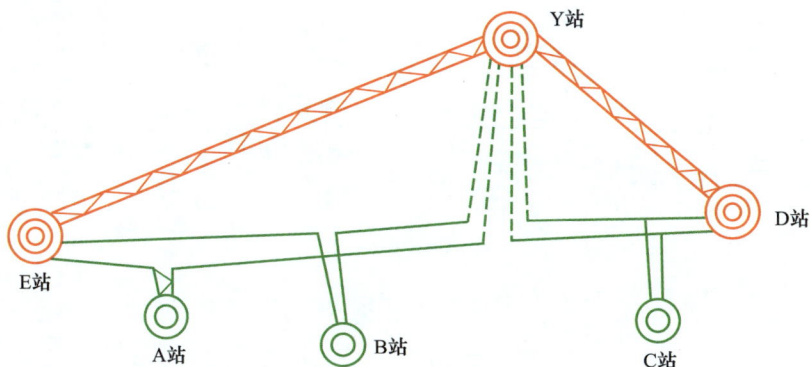

图3-2 接入系统方案图

二、线路方案及路径选择

Y站至Π接点新建110kV线路采用电缆敷设方式，新建线路路径长度约2.8km；原E站—A站—D站、E站—B站—D站110kV线路均为电缆线路，采用隧道方式敷设。

三、相 关 通 信 现 状

1．光缆建设现状

Y站至E站、Y站至D站同塔双回220kV线路各有2根72芯OPGW光缆。

E站—A站—C站—D站、E站—B站—D站110kV线路上各有1根48芯管道光缆。光缆现状如图3-3所示。

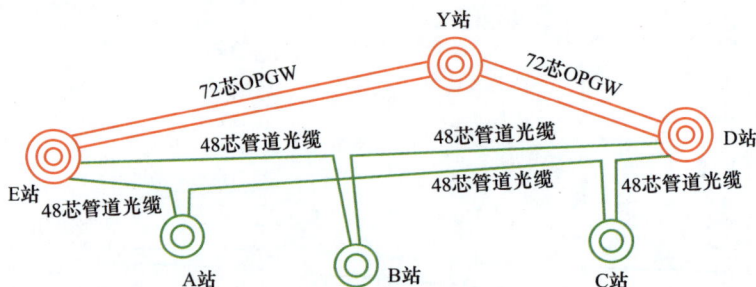

图 3-3　光缆现状图

2．光通信电路现状

Y 站至 E 站、Y 站至 D 站已开通地网 SDH2.5Gbit/s（1+0）光通信电路；
E 站—A 站—C 站—D 站、E 站—B 站—D 站均已开通地网 SDH622Mbit/s
（1+0）光通信电路。相关站点地网 SDH 网络拓扑如图 3-4 所示。

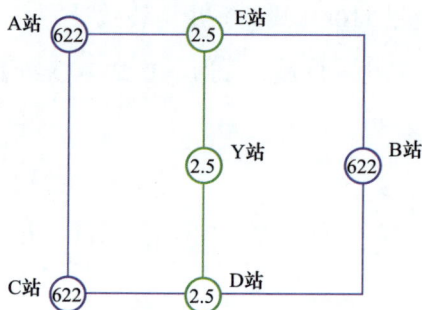

图 3-4　相关站点地网 SDH 网络拓扑图

四、系统通信原设计方案

1．光缆建设方案

随 Y 站至 Π 接点新建 110kV 电缆线路敷设 2 根 48 芯管道光缆，Π 接
B 站至 D 站 48 芯管道光缆，最终形成 Y 站至 B 站、Y 站至 D 站各 1 根
48 芯管道光缆。原设计方案光缆建设方案如图 3-5 所示。

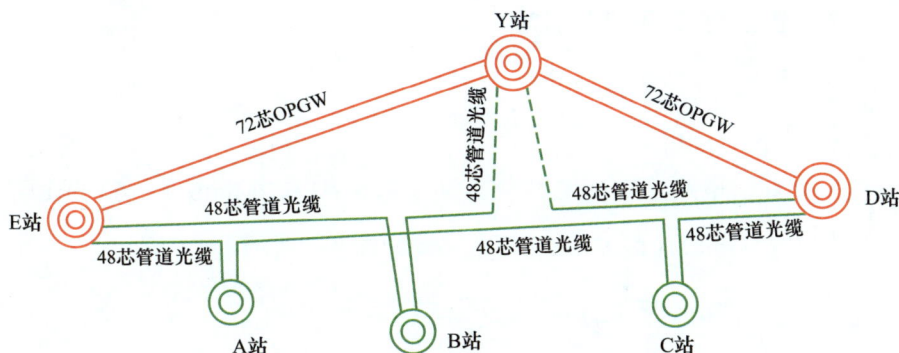

图 3-5　原设计方案光缆建设方案图

2. 光通信电路

建设 Y 站至 B 站、Y 站至 D 站地网 SDH 622Mbit/s（1+0）光通信电路和 PTN 1Gbit/s（1+0）光通信电路，如图 3-6 所示。

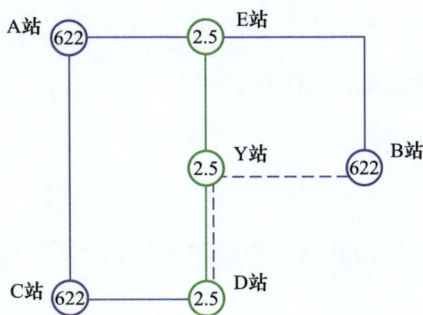

图 3-6　原设计方案地网 SDH 光传输网络建设方案图

3. 设备配置

Y 站地网 SDH 光传输设备新增 2 块 622Mbit/s 光接口板，PTN 设备新增 2 块 GE 板。

五、其他建议方案

1. 其他建议方案一

（1）光缆建设方案。光缆建设方案与设计方案一致。

（2）光通信电路及设备配置。

方案如下。

（1）方案一。

1）光通信电路。建设 Y 站至 B 站地网 SDH 622Mbit/s（1+0）光通信电路和 PTN 1Gbit/s（1+0）光通信电路，如图 3-7 所示。

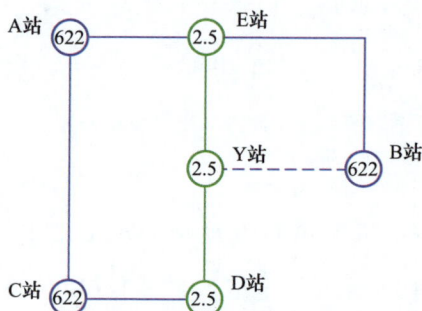

图 3-7　其他建议方案一地网 SDH 光传输网络建设方案图（方案一）

2）设备配置。Y 站地网 SDH 光传输设备新增 1 块 622Mbit/s 光接口板，PTN 设备新增 1 块 GE 板。

（2）方案二。

1）光通信电路。维持 B 站至 D 站原光通信电路不变，在 Y 站跳通，如图 3-8 所示。

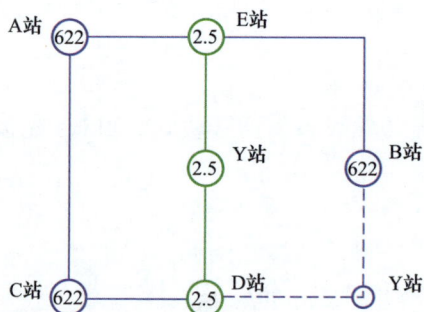

图 3-8　其他建议方案一地网 SDH 光传输网络建设方案图（方案二）

2）设备配置。该方案不需新增设备。

2. 其他建议方案二

（1）光缆建设方案。随 Y 站至 Π 接点新建 110kV 电缆线路敷设 4 根 48 芯管道光缆，分别 Π 接 A 站至 C 站、B 站至 D 站 48 芯管道光缆，形成 Y 站至 A 站、Y 站至 B 站、Y 站至 C 站、Y 站至 D 站各 1 根 48 芯管道光缆。其他建议方案二光缆建设方案如图 3-9 所示。

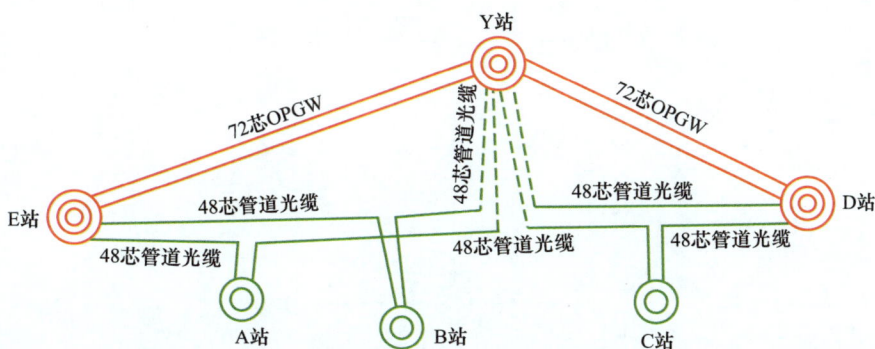

图 3-9　其他建议方案二光缆建设方案图

（2）光通信电路及设备配置。

方案如下。

（1）方案一。

1）光通信电路。建设 Y 站至 A 站、Y 站至 B 站、Y 站至 C 站地网 SDH 622Mbit/s（1+0）光通信电路和 PTN 1Gbit/s（1+0）光通信电路，如图 3-10 所示。

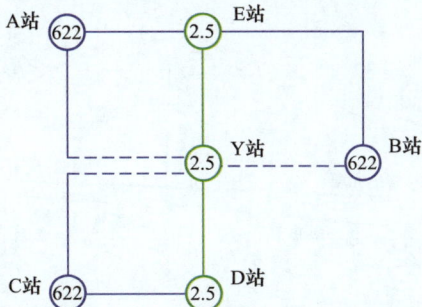

图 3-10　其他建议方案二地网 SDH 光传输网络建设方案图（方案一）

2）设备配置。Y 站地网 SDH 光传输设备新增 3 块 622Mbit/s 光接口板，PTN 设备新增 3 块 GE 板。

（2）方案二。

1）光通信电路。维持 E 站—A 站—C 站—D 站、B 站至 D 站原光通信电路不变，在 Y 站跳通，如图 3-11 所示。

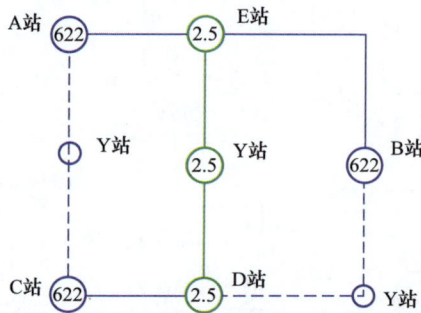

图 3-11　其他建议方案二地网 SDH 光传输网络建设方案图（方案二）

2）设备配置。该方案不需新增设备。

3. 其他建议方案三

（1）光缆建设方案。随 Y 站至 Ⅱ 接点新建 110kV 电缆线路敷设 2 根 48 芯管道光缆，Ⅱ 接 A 站至 C 站 48 芯管道光缆，最终形成 Y 站至 A 站、Y 站至 C 站各 1 根 48 芯管道光缆。其他建议方案三光缆建设方案如图 3-12 所示。

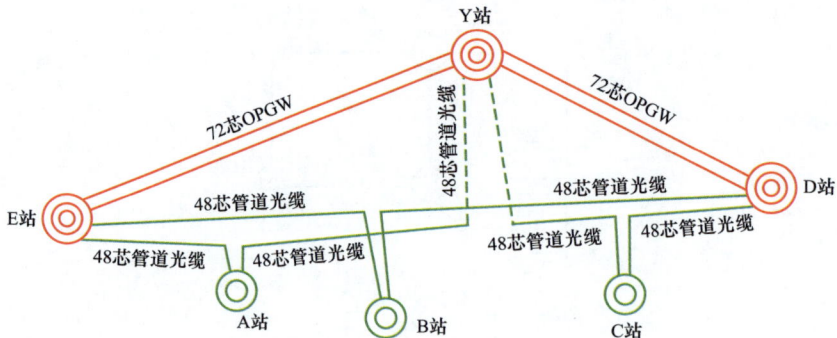

图 3-12　其他建议方案三光缆建设方案图

（2）光通信电路及设备配置。

方案如下。

（1）方案一。

1）光通信电路。建设 Y 站至 A 站、Y 站至 C 站地网 SDH 622Mbit/s（1+0）光通信电路和 PTN 1Gbit/s（1+0）光通信电路，如图 3-13 所示。

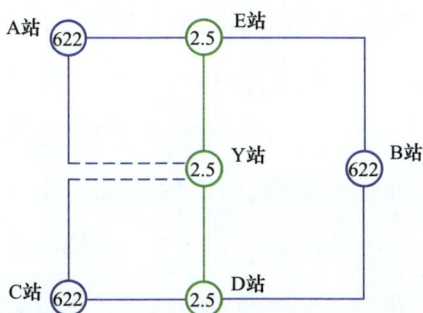

图 3-13　其他建议方案三地网 SDH 光传输网络建设方案图（方案一）

2）设备配置。Y 站地网 SDH 光传输设备新增 2 块 622Mbit/s 光接口板，PTN 设备新增 2 块 GE 板。

（2）方案二。

1）光通信电路。维持 A 站—C 站原光通信电路不变，在 Y 站跳通，如图 3-14 所示。

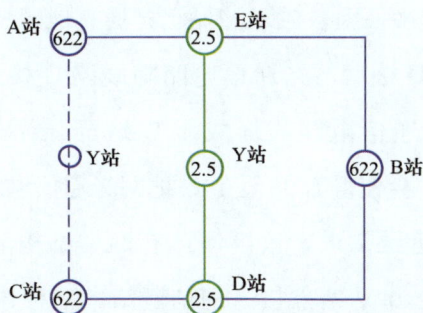

图 3-14　其他建议方案三地网 SDH 光传输网络建设方案图（方案二）

2）设备配置。该方案不需新增设备。

六、评 审 分 析

该案例中，原设计方案及其他建议方案均能满足要求；每个光缆建设方案中还包含两种光通信电路组织方案和设备配置方案。

光缆建设方案：在 Y 站 110kV 送出工程中，Π 接 B 站至 D 站（C 站 T 接）、A 站至 D 站（C 站 T 接）110kV 线路，原设计方案，Π 接 B 站至 D 站 110kV 线路上 1 根 48 芯管道光缆；其他建议方案一 Π 接了 B 站至 D 站、A 站至 D 两回 110kV 线路上的 48 芯管道光缆；其他建议方案三 Π 接 A 站至 D 站 110kV 线路上的 1 根 48 芯管道光缆，但 C 站 T 接该 110kV 线路，最终形成 A 站—Y 站—C 站—D 站 1 根 48 芯管道光缆。就三个方案的来说，原设计方案与其他建议方案三均充分考虑光缆现状及经济性，评审建议方案二则从运维角度重点考虑光缆与线路同路径，因线路路径较短，经济性体现不是很明显，但若 Y 站至 Π 接点线路路径比较长时，经济性体现会比较明显；因此，该工程光缆建设方案可与通信专业运维人员进行充分衔接，必要时可进行方案比选。

光通信电路及设备配置：

一是避免光通信电路重复建设。光通信电路主要是随光缆建设方案进行调整，原设计方案中，因 D 站至 Y 站已开通有地网 SDH 2.5Gbit/s（1+0）光通信电路，光缆 Π 接后，光通信电路随线路 Π 接入 B 站至 D 站 SDH 622Mbit/s（1+0）光通信电路，形成了 D 站至 Y 站地网 SDH 622Mbit/s（1+0）光通信电路，会使得 D 站至 Y 站地网光通信电路重复开列。

二是考虑当地运维需求。该区域已有网架结构清晰，110kV 变电站均已成环，且通过 220kV 站点接入通信网络。三种建设方案中，光通信电路除了随线路 Π 接入 Y 站外，还可随地区通信专业运维习惯在 Y 站跳通，保持原光通信链路。但不论 Π 接入 Y 站还是维持原光通信电路不变，110kV 站点均能通过两个不同的 220kV 站点接入地区光纤通信环网，均能保证该区域站点通信的可靠性。

设备配置主要是随光通信电路的调整进行调整。

部分区域光缆网架、拓扑结构相对完善时，220kV 变电站 110kV 线路送出工程，光缆建设方案及光通信电路建设方案的调整在充分考虑未来发展需求的同时，应重点考虑通信专业运维需求，必要时应进行方案比选。

案例二

电压等级：220kV 变电站 110kV 送出工程
评审类型：可研评审
主要问题：地调出口光通信电路
评审时间：2021 年 6 月

一、接 入 系 统 方 案

220kV 出线规模：最终出线 6 回，本期 2 回，至 220kV B 站 1 回、至 220kV C 站 1 回（利用 110kV E 站至 C 站现有 110kV 线路升压）。

110kV 出线规模：最终出线 12 回，本期 6 回，新建 Y 站至 D 站、Y 站至 F 站各 2 回，将 E 站至 C 站 2 回 110kV 线路改接入 Y 站，形成 E 站至 Y 站 2 回 110kV 线路。

接入系统现状、接入系统方案如图 3-15、图 3-16 所示。

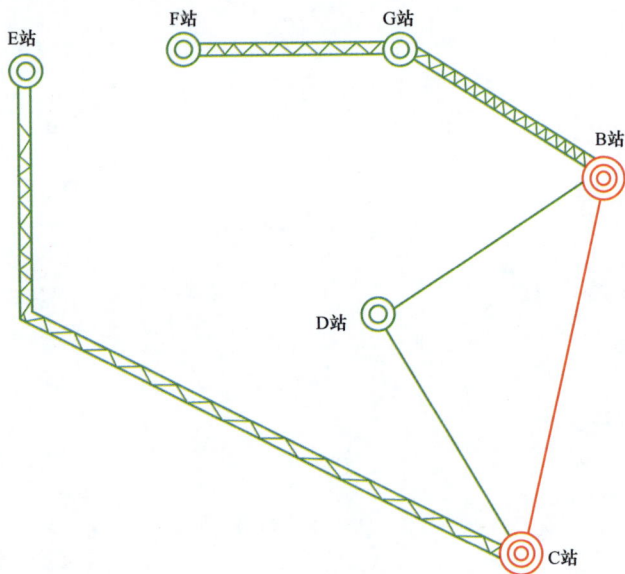

图 3-15 接入系统现状图

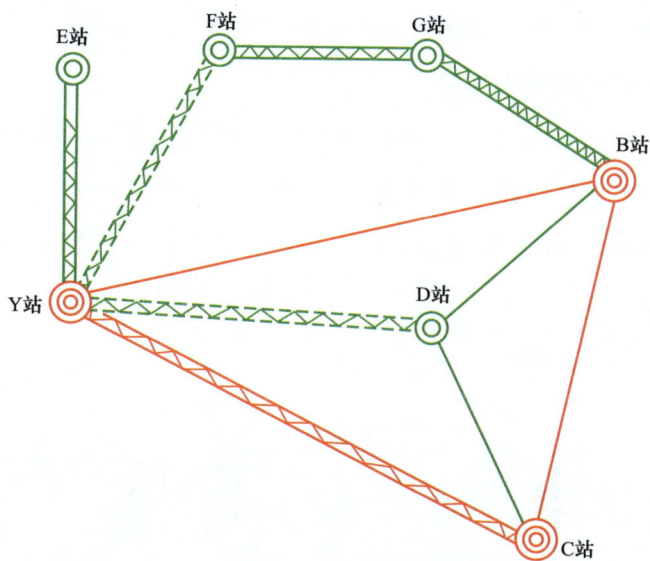

图 3-16　接入系统方案图

二、线路方案及路径选择

　　Y 站至 D 站、Y 站至 F 站新建 110kV 线路均采用同塔双回架设，路径长度分别约为 4.3、4.5km；原 E 站至 C 站 110kV 线路为同塔双回架设，改接至 Y 站后，形成 Y 站至 E 站 2 回 110kV 线路，路径长度约 3.8km。

三、系 统 通 信 现 状

1. 光缆现状

　　B 站至 C 站 220kV 线路有 1 根 24 芯 OPGW 光缆；C 站至 E 站同塔双回 110kV 线路有 2 根 48 芯 OPGW 光缆；F 站—G 站—B 站 110kV 线路有 1 根 24 芯 OPGW 光缆；G 站至县调有 1 根 48 芯 ADSS 光缆；D 站至 C 站

110kV 线路有 1 根 16 芯 ADSS 光缆，2008 年投运，光缆运行情况较差；B
站至 D 站 110kV 线路无光缆。

　　Y 站本体工程中，Y 站至 B 站 220kV 线路架设有 2 根 72 芯 OPGW 光缆；
Y 站至 C 站 220kV 线路为 E 站至 C 站同塔双回 110kV 线路升压运行线路，
架设有 2 根 48 芯 OPGW 光缆。Y 站本体工程投运后相关站点光缆现状如
图 3-17 所示。

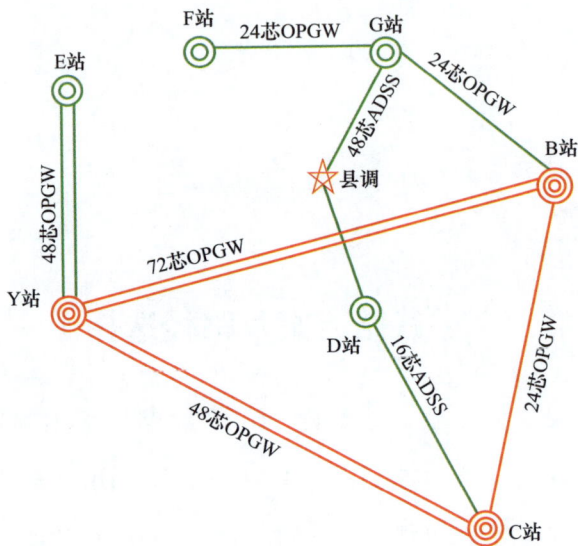

图 3-17　Y 站本体工程投运后相关站点光缆现状图

2. 光通信电路现状

　　D 站为 X 县公司第二汇聚节点，县公司通过县调—G 站—B 站、县
调—D 站—C 站与地市公司上联，上联带宽均为 2.5Gbit/s。地网 SDH 光
通信电路现状如图 3-18 所示。

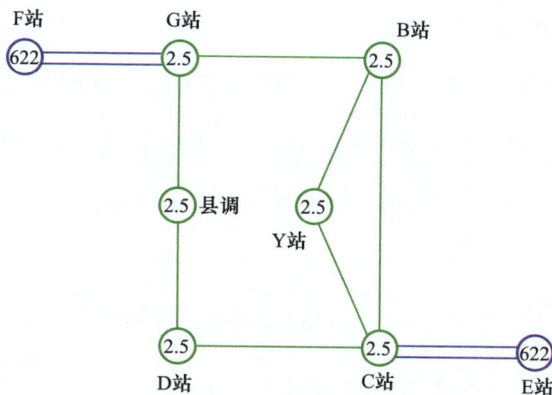

图 3-18 地网 SDH 光通信电路现状图

四、系统通信原设计方案

1. 光缆建设方案

随 Y 站至 F 站、Y 站至 D 站新建同塔双回 110kV 线路各架设 2 根 48
芯 OPGW 光缆。

原设计方案光缆接入方案如图 3-19 所示。

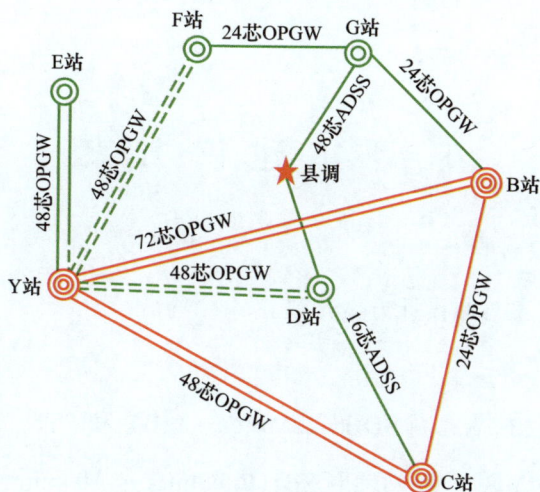

图 3-19 原设计方案光缆接入方案图

2. 光通信电路

建设 Y 站至 F 站地网 SDH 622Mbit/s（1+0）和 PTN Gbit/s（1+0）光通信电路；建设 Y 站至 D 站地网 SDH 622Mbit/s（1+0）光通信电路。

地网 SDH 光通信电路设计方案如图 3-20 所示。

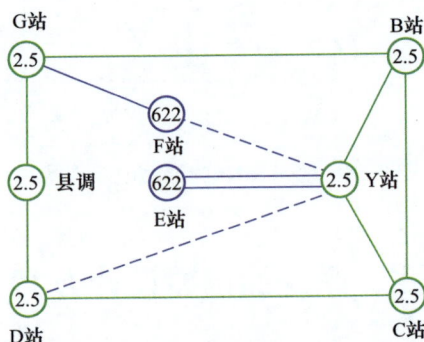

图 3-20　地网 SDH 光通信电路设计方案

3. 设备配置

Y 站地网 SDH 光传输设备新增 2 块 622Mbit/s 光接口板、PTN 光传输设备新增 1 个 GE 板，D 站、F 站地网 SDH 光传输设备各新增 1 块 622Mbit/s 光接口板。

五、评审建议方案

1. 光缆建设方案

光缆建设方案与原设计方案一致。

2. 光通信电路

建设 Y 站至 F 站地网 SDH 622Mbit/s（1+0）和 PTN Gbit/s（1+0）光通信电路；建设 Y 站至 D 站地网 SDH 2.5Gbit/s（1+0）光通信电路。

评审建议方案地网 SDH 光通信电路建设方案如图 3-21 所示。

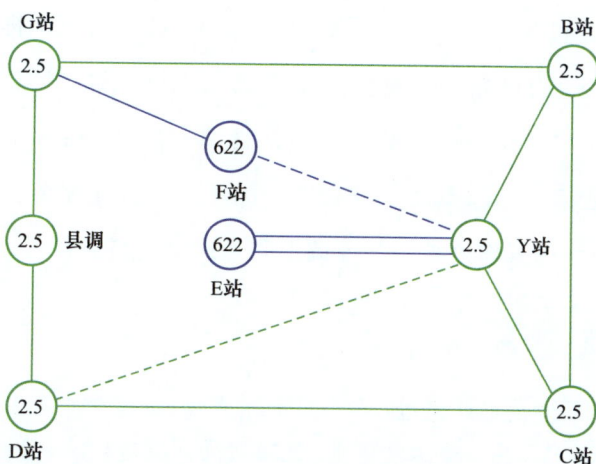

图 3-21 评审建议方案地网 SDH 光通信电路建设方案图

3. 设备配置

Y 站地网 SDH 光传输设备新增 1 块 622Mbit/s 光接口板和 1 块 2.5Gbit/s 光接口板，PTN 设备新增 1 个 GE 板；D 站地网 SDH 光传输设备新增 1 块 2.5Gbit/s 光接口板、F 站地网 SDH 光传输设备新增 1 块 622Mbit/s 光接口板。

六、评 审 分 析

本案例主要调整了部分光通信电路的带宽，将 Y 站至 D 站地网 SDH 光通信电路由 622Mbit/s 调整为 2.5Gbit/s。

本工程光缆建设方案清晰，随光缆建设方案开通光通信电路，正常情况下是没有问题的，但是本工程涉及了县调出城光缆和光通信电路。从现状中可以看到，县调—G 站—B 站、县调—D 站—C 站与地市公司上联，其中 D 站至 C 站 110kV 线路有 1 根 16 芯 ADSS 光缆，2008 年投运，光缆运行情况较差；且 B 站至 D 站 110kV 线路无光缆。本期随 Y 站至 D 站新建同塔双回 110kV 线路架设了 2 根 48 芯 OPGW 光缆，提升了 D 站与 220kV 站点连接的可靠性。县调与地市公司上联光通信电路调整为：县调—G 站—B 站、县调—D 站—C 站、县调—D 站—Y 站，增加了县调上联光通信电路的可选择性和可靠性，因此，在开通 Y 站至 D 站光通信电路时应重点考虑其作为县调与地调上联光通信电路的需求。

评审要点 ▶▶▶

若工程涉及出城光缆、县公司上联光缆、光通信电路等，应重点考虑出城光缆、县公司上联需求，适当增大光缆建设芯数及光通信电路带宽。

案例三

工程类型：风电场 110kV 送出工程
评审类型：可研评审
主要问题：光通信电路跳接
评审时间：2020 年 10 月

一、接 入 系 统 方 案

110kV 出线规模：最终出线 6 回，本期 3 回，Ⅱ接 110kV B 风电场至 220kV A 站 110kV 线路，形成 Y 站至 B 风电场、Y 站至 A 站各 1 回 110kV 线路；Y 站至 110kV C 站新建 1 回 110kV 线路。

接入系统现状、接入系统方案如图 3-22、图 3-23 所示。

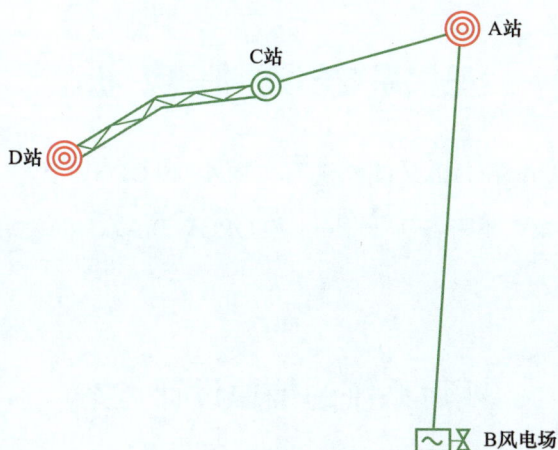

图 3-22　接入系统现状图

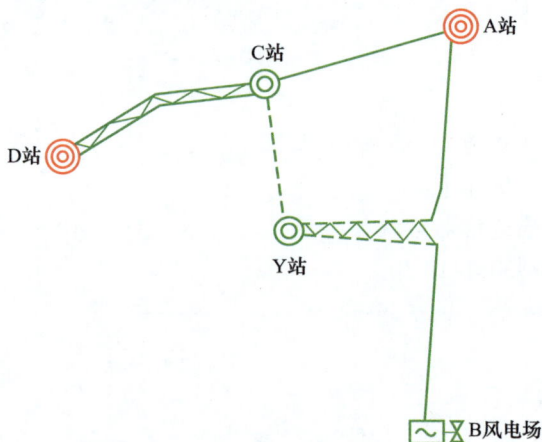

图 3-23　接入系统方案图

二、线路方案及路径选择

Y 站至 Π 接点新建 110kV 线路采用同塔双回架设，线路路径长度约 3km；Y 站至 C 站采用单回路架设，线路路径长度约 5km。

三、系 统 通 信 现 状

B 风电场至 A 站 110kV 线路现有 1 根 48 芯 OPGW 光缆；A 站至 C 站、C 站至 D 站 110kV 线路各有 1 根 48 芯 OPGW 光缆，相关站点光缆现状如图 3-24 所示。

四、系统通信原设计方案

1. 光缆建设方案

随 Y 站至 Π 接点新建同塔双回 110kV 线路架设 2 根 48 芯 OPGW 光缆，Π 接原线路 1 根 48 芯 OPGW 光缆，形成 Y 站至 B 风电场、Y 站至 A

站各 1 根 48 芯 OPGW 光缆。

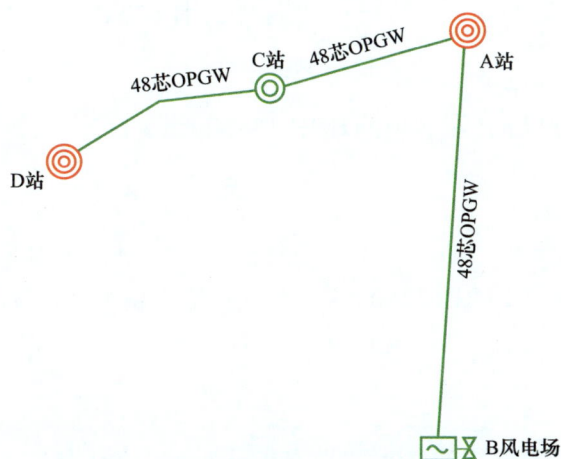

图 3-24　相关站点光缆现状图

随 Y 站至 C 站新建 110kV 线路架设 1 根 48 芯 OPGW 光缆。
原设计方案光缆设计方案如图 3-25 所示。

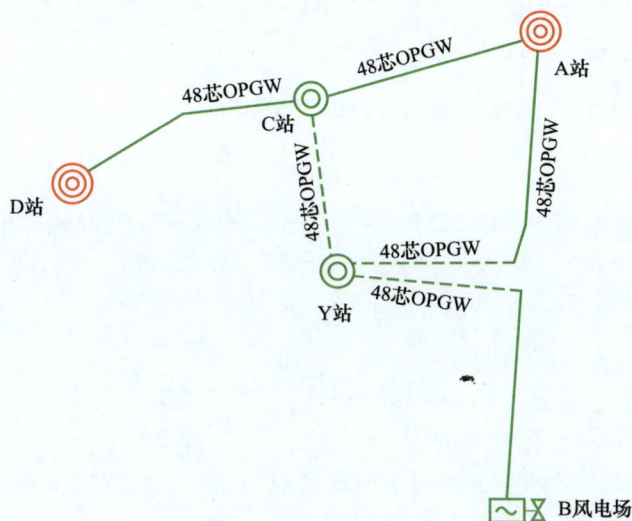

图 3-25　原设计方案光缆设计方案图

2．光通信电路

建设 Y 站至 A 站、Y 站至 C 站地网 SDH 622Mbit/s（1+0）光通信电路和 PTN 1Gbit/s（1+0）光通信电路。

维持 B 风电场至 A 站地网 SDH 155Mbit/s（1+1）光通信电路（经 Y 站跳纤）。

3．设备配置

Y 站配置地网 SDH 622Mbit/s 平台光传输设备 1 套、接入层 PTN 光传输设备 1 套。

五、评审建议方案

1．光缆建设方案

光缆建设方案与设计方案一致。

2．光通信电路

建设 Y 站至 A 站、Y 站至 C 站地网 SDH 622Mbit/s（1+0）光通信电路和 PTN 1Gbit/s（1+0）光通信电路。

建设 Y 站至 B 风电场地网 SDH 155Mbit/s（1+1）光通信电路。

3．设备配置

Y 站配置地网 SDH 622Mbit/s 平台光传输设备 1 套、接入层 PTN 光传输设备 1 套。

六、评审分析

评审建议方案调整了光通信电路建设方案，光缆及设备配置方案未做改动。

评审建议方案将 B 风电场至 A 站地网 SDH 155Mbit/s（1+1）光通信

电路调整为 B 风电场至 Y 站地网 SDH 155Mbit/s（1+1）光通信电路，主要原因如下。

一般情况下，不论是新能源场站还是系统站点，光通信电路都会随一次线路 Ⅱ 接入相应站点，若地区光通信传输网有通信专项工程，存在光传输设备不是同一厂家的情况，需维持原光通信电路的，则需进行详细说明。本期新建工程中，不存在上述情况，所以 B 风电场应随一次线路 Ⅱ 接光通信电路。

原设计方案，B 风电场至 A 站的光通信电路通过 Y 站进行跳纤，占用 Y 站至 A 站光纤资源，同时也增加了 B 风电场的故障点。

评审要点 ▶▶

光通信电路一般会随一次线路 Ⅱ 接入相应站点，若有特殊情况，不能随线路 Ⅱ 接入相应站点的，需维持原光通信电路的，应进行详细说明。

四

与已有工程充分衔接

    本章节主要收录 3 项案例，其中 1 项 220kV 输变电工程，1 项 110kV 输变电工程，1 项 110kV 电压等级新能源场站接入系统工程。案例一为 220kV 输变电工程，未与技改工程进行充分衔接，与技改工程衔接后给出了 2 种建设方案；案例二为 110kV 输变电工程，主要涉及地区新旧网络更替，大面积老设备组网时新建站点的接入问题；案例三是 110kV 电压等级新能源场站接入系统工程，未与已审定工程进行充分衔接。

案例一

工程类型：220kV 输变电工程
评审类型：可研评审
主要问题：设备配置及光通信电路
评审时间：2020 年 8 月

一、接 入 系 统 方 案

220kV 出线规模：远期 6 回，本期 2 回，∏接 220kV A 站至 220kV B 站 Ⅱ回 220kV 线路，形成 Y 站至 A 站、Y 站至 B 站各 1 回 220kV 线路。接入系统现状、接入系统方案如图 4 -1、图 4-2 所示。

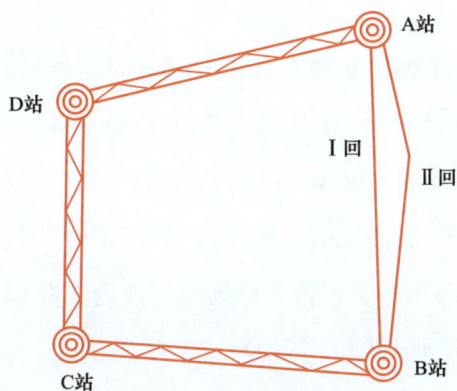

图 4-1　接入系统现状图

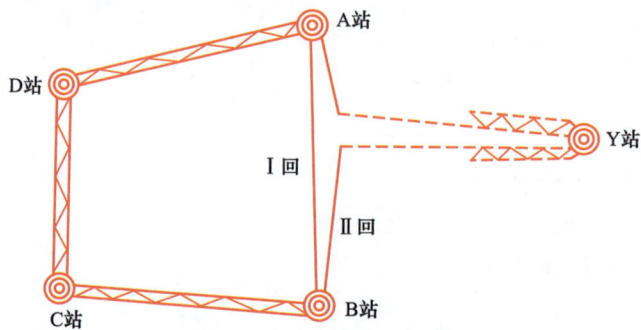

图 4-2　接入系统方案图

二、线路方案及路径选择

Y 站至 Ⅱ 接点新建 220kV 线路采用同塔双回和单回路方式架设。

三、相 关 通 信 现 状

1. 光缆现状

A 站至 B 站 Ⅰ 回 220kV 线路上无光缆；A 站至 B 站 Ⅱ 回 220kV 线路上有 1 根 16 芯 ADSS 光缆；B 站—C 站—D 站—A 站同塔双回 220kV 线路上均架设有 2 根 24 芯 OPGW 光缆。光缆现状如图 4-3 所示。

另：A 站至 B 站 Ⅱ 回 220kV 线路改造工程已列技改项目，随 A 站至 B 站 Ⅱ 回 220kV 线路改造工程将 2 根地线更换为 2 根 48 芯 OPGW 光缆。

2. 光通信电路现状

A 站至 B 站开通有省网、地网 SDH 2.5Gbit/s（1+0）光通信电路、PTN 10Gbit/s（1+0）光通信电路。相关区域地网 SDH 光通信电路现状如图 4-4 所示。

另：该地区通过技改项目将 A 站、B 站、C 站、D 站光传输设备由 2.5Gbit/s 升级为了 10Gbit/s，且将 A 站—B 站—C 站—D 站光通信电路由 2.5Gbit/s 升级为了 10Gbit/s，具体如图 4-5 所示。

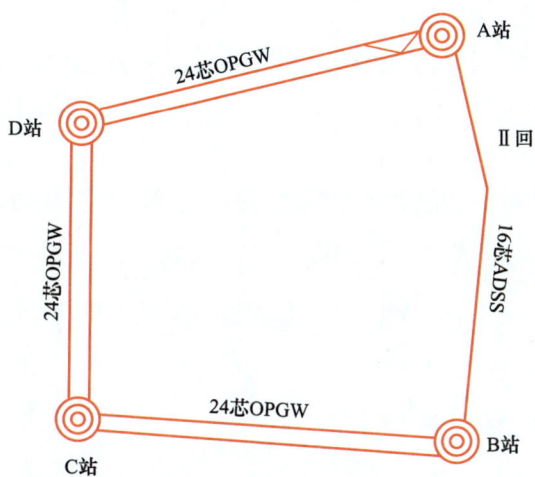

图 4-3　光缆现状图

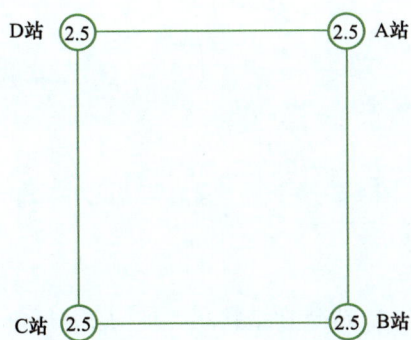

图 4-4　地网 SDH 光通信电路现状图

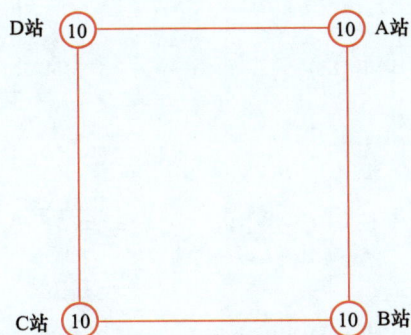

图 4-5　技改工程实施后地网 SDH 光通信电路图

四、系统通信原设计方案

1. 光缆建设方案

随 Y 站至 Π 接点新建 220kV 线路各架设 2 根 72 芯 OPGW 光缆，与原线路 1 根 16 芯 ADSS 光缆接续，形成 Y 站至 A 站、Y 站至 B 站各 1 根 16 芯光缆，各预留 1 根 72 芯 OPGW 光缆。原设计方案光缆建设方案如图 4-6 所示。

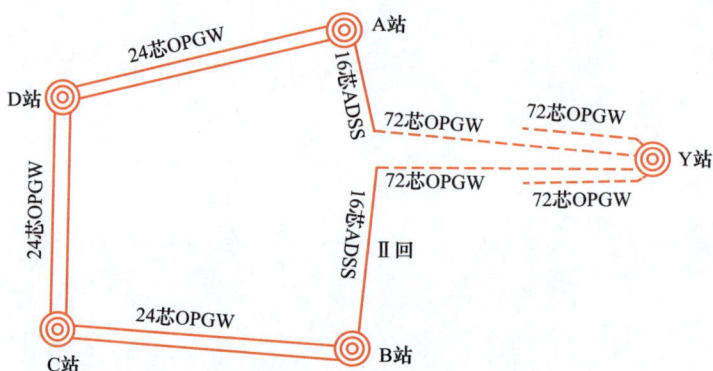

图 4-6　原设计方案光缆建设方案图

2. 光通信电路

建设 Y 站至 A 站、Y 站至 B 站省网、地网 2.5Gbit/s（1+0）光通信电路、PTN 10Gbit/s（1+0）光通信电路。地网 SDH 光通信电路设计方案如图 4-7 所示。

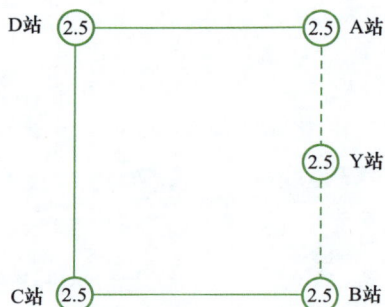

图 4-7　地网 SDH 光通信电路设计方案图

3．设备配置

Y 站配置省网 SDH 2.5Gbit/s 平台光传输设备 1 套、地网 SDH 2.5Gbit/s 平台光传输设备 1 套、汇聚层 PTN 光传输设备 1 套。

五、评审建议方案一

1．光缆建设方案

随 Y 站至 Ⅱ 接点新建 220kV 线路各架设 2 根 72 芯 OPGW 光缆，与原线路 2 根 48 芯 OPGW 光缆分别接续，形成 Y 站至 A 站、Y 站至 B 站各 2 根 48 芯 OPGW 光缆。评审建议方案一光缆接入方案如图 4-8 所示。

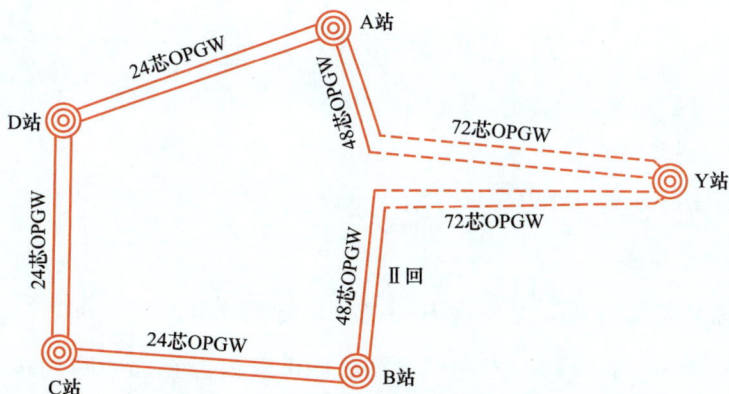

图 4-8　评审建议方案一光缆接入方案图

2．光通信电路

建设 Y 站至 A 站、Y 站至 B 站省网 2.5Gbit/s（1+0）光通信电路、地网 10Gbit/s（1+0）光通信电路、PTN 10Gbit/s（1+0）光通信电路。评审建议方案一地网 SDH 光通信电路建议方案如图 4-9 所示。

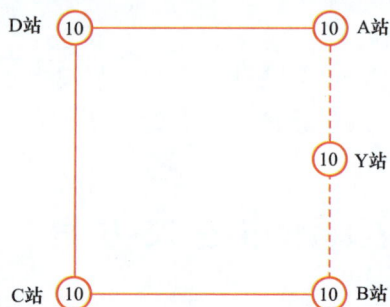

图 4-9　评审建议方案一地网 SDH 光通信电路建设方案图

3．设备配置

Y 站配置省网 SDH 2.5Gbit/s 平台光传输设备 1 套、地网 SDH 10Gbit/s 平台光传输设备 1 套、汇聚层 PTN 光传输设备 1 套。

六、评审建议方案二

1．光缆建设方案

光缆建设方案与评审建议方案一一致。

2．光通信电路

建设 Y 站至 A 站、Y 站至 B 站省网、地网 2.5Gbit/s（1+0）光通信电路、PTN 10Gbit/s（1+0）光通信电路。评审建议方案二地网 SDH 光通信电路建设方案如图 4-10 所示。

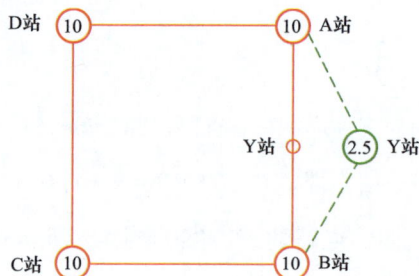

图 4-10　评审建议方案二地网 SDH 光通信电路建设方案图

3．设备配置

Y 站配置省网 SDH 2.5Gbit/s 光传输设备 1 套、地网 SDH 2.5Gbit/s 光
传输设备 1 套、汇聚层 PTN 光传输设备 1 套。

七、评 审 分 析

本案例主要结合技改工程调整了光通信电路与设备配置，新建线路光
缆建设方案未做调整。调整原因主要如下。

一是需与已有通信工程进行充分衔接。在做通信方案时，应进行充分
收资，尤其是已列入计划但还未施工的项目，本案例中牵扯到线路光缆改
造及设备升级改造两项技改工程。线路光缆改造工程未影响新建线路光缆
建设方案，但光通信电路及设备配置影响较大。

二是需考虑地区通信网整体规划发展。评审建议方案一和评审建设方
案二均在地区设备升级改造工程的基础上进行建设。评审建议方案一将新
建 Y 站纳入核心环网，Π 接 A 站至 B 站 10Gbit/s 光通信电路，Y 站需配
置 1 套地网 SDH 10Gbit/s 平台光传输设备。评审建议方案二，Y 站依然通
过 A 站和 B 站接入地区光纤通信环网，但维持地区核心环网不变，Y 站通
过 2.5Gbit/s（1+0）光通信电路接入 A 站和 B 站，Y 站配置 1 套地网 SDH
2.5Gbit/s 平台光传输设备。评审建议方案一光通信电路随光缆 Π 接入 Y 站，
整体结构清晰，易于后期运维；评审建议方案二，A 站至 B 站 10Gbit/s 光
通信电路在 Y 站跳纤，维持地区原核心环网不变。两个方案均能满足 Y 站
接入地区通信环网需求，但方案的选取，应重点统筹该地区通信网的整体
规划发展。

评审要点 ≫

通信设计方案应对地区光通信现状进行充分收资，尤其应注意与本工程相关的技改、独立二次等通信专项工程，避免因收资不全面影响地区通信网的发展。

案例二

工程类型：110kV 输变电工程
评审类型：可研评审
主要问题：设备配置
评审时间：2021 年 6 月

一、接 入 系 统 方 案

110kV 出线规模：最终 4 回，本期 2 回，新建 2 回 110kV 线路至 220kV A 站。接入系统现状、接入系统方案如图 4-11、图 4-12 所示。

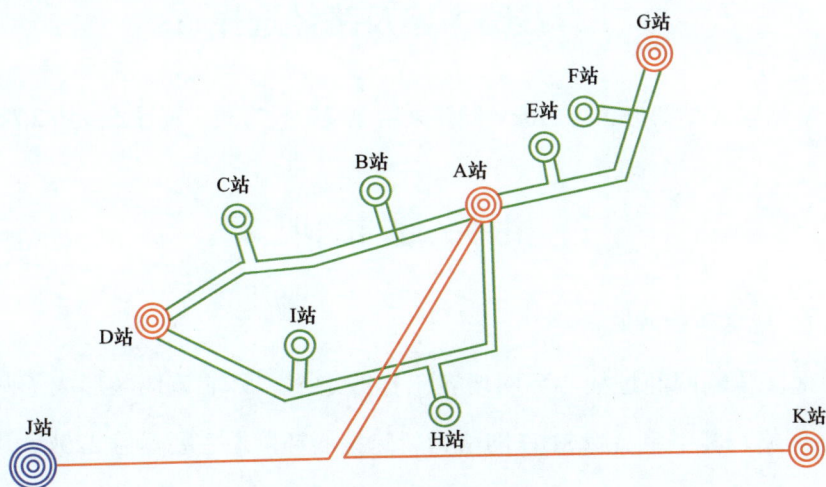

图 4-11　接入系统现状图

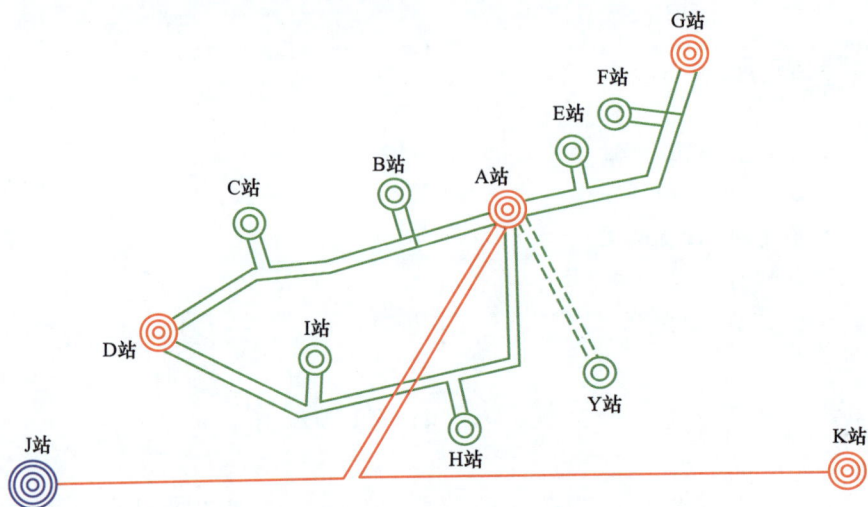

图 4-12　接入系统方案图

二、线路方案及路径选择

Y 站至 A 站新建 2 回 110kV 线路采用电缆敷设方式，路径长度约 2.7km。

三、相关通信现状

1. 地区传输网现状

地区传输网经过核心环网增容工程改造后，目前该地区形成了两张 SDH 网络，其中甲品牌 SDH 网络为新建核心环网，主要覆盖 220kV 及以上电压等级变电站及部分 110kV 变电站；乙品牌 SDH 网络为地区原传输网络，主要覆盖 110kV 及以下电压等级变电站，SDH 设备运行工况良好。

2. 相关区域光缆情况

该区域 110kV 电压等级站点均满足双路由接入，形成 110kV 电压等级光缆环网，其中 H 站—A 站—B 站—C 站—D 站—I 站均为 48 芯光缆，

I 站至 H 站、A 站—E 站—F 站—G 站均为 24 芯光缆。A 站至 J 站、A 站至 K 站 220kV 线路各 1 根 24 芯光缆。光缆现状如图 4-13 所示。

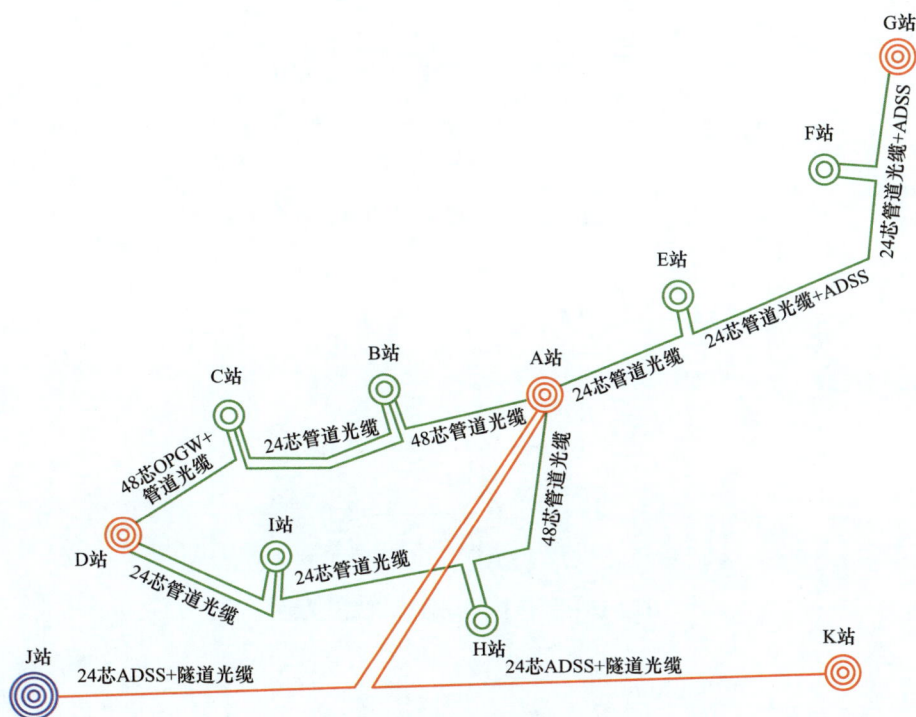

图 4-13　光缆现状图

3. 相关站点地网 SDH 设备情况

B 站、C 站、I 站、H 站、E 站、F 站 110kV 站点均为原 SDH 网络设备，即乙品牌 SDH 光传输设备，A 站为 2019 年投运站点，受招标和工程进度影响，也为乙品牌 SDH 光传输设备；D 站、G 站、J 站、K 站均为甲品牌 SDH 光传输设备；考虑原 SDH 网络组网需求，D 站、G 站依然保留了乙品牌 SDH 光传输设备。

原传输网光通信电路现状、新传输网光通信电路现状如图 4-14、图 4-15 所示。

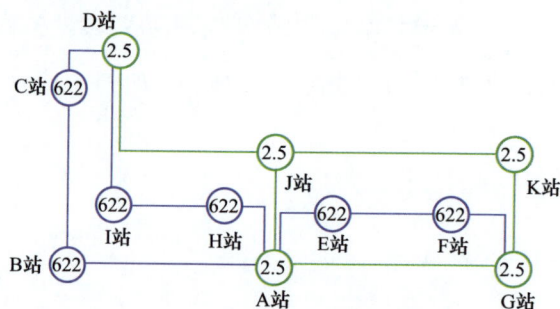

图 4-14　原传输网光通信电路现状图

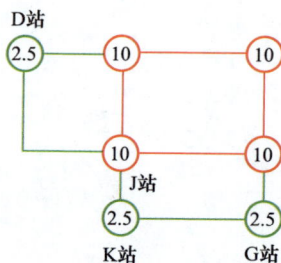

图 4-15　新传输网光通信电路现状图

四、系统通信原设计方案

1. 光缆建设方案

随 Y 站至 A 站新建 110kV 电缆线路敷设 2 根 48 芯管道光缆。原设计方案光缆建设方案如图 4-16 所示。

2. 光通信电路

建设 Y 站至 A 站地网 SDH 622Mbit/s（1+1）光通信电路、PTN GE（1+0）光通信电路；建设 A 站至 K 站、A 站至 J 站 SDH 2.5Gbit/s（1+0）光通信电路。

地网 SDH 光通信电路设计方案如图 4-17 所示。

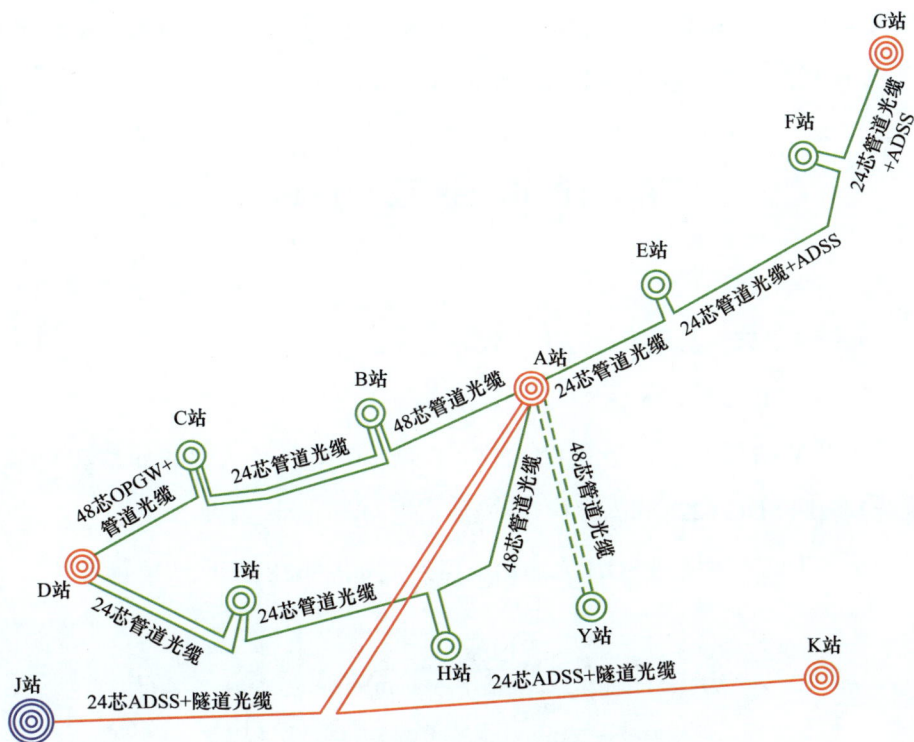

图 4-16　原设计方案光缆建设方案图

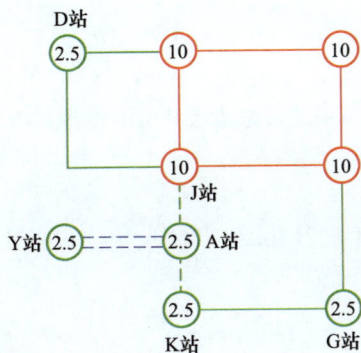

图 4-17　地网 SDH 光通信电路设计方案图

3．设备配置

Y 站配置地网 SDH 2.5Gbit/s 平台光传输设备 1 套、接入层 PTN 光传输设备1套；A 站新增地网 SDH 2.5Gbit/s 光传输设备1套，J 站、K 站地网 SDH 光传输设备各新增1块 2.5Gbit/s 光接口板。

五、评审建议方案

1. 光缆建设方案

光缆建设方案与原设计方案一致。

2. 光通信电路

建设 Y 站至 D 站（分别经 A 站、B 站、C 站和经 A 站、H 站和 I 站跳纤）地网 SDH 622Mbit/s（1+1）光通信电路。

评审建议方案地网 SDH 光通信电路方案如图 4-18 所示。

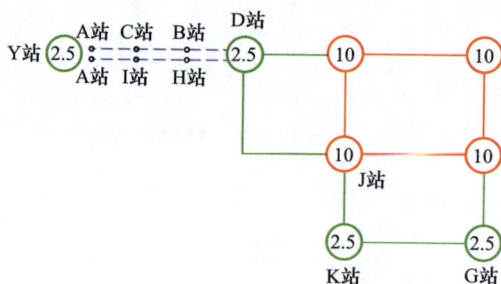

图 4-18　评审建议方案地网 SDH 光通信电路方案图

3. 设备配置

Y 站配置地网 SDH 622Mbit/s 平台光传输设备1套、接入层 PTN 光传输设备1套。

六、评审分析

本案例主要调整了光传输设备的配置和光通信电路的建设，光缆建设方案未做调整。

评审建议方案取消了 A 站新增的 1 套地网 SDH 2.5Gbit/s 光传输设备，并调整了光通信电路的建设。主要原因如下。

一是设备配置应考虑设备全寿命周期。A 站为 2019 年投运，投运时按原 SDH 设备进行采购，因设备年限较短，且运行稳定，按设备全寿命周期管理要求，不宜进行更换；按地区通信网规划，原 SDH 光传输设备组网逐步缩小，按设备全寿命周期及其运行工况逐步退出运行，目前可维持原 SDH 通信网络运行；因此，评审建议方案取消了 A 站新增的 1 套地网光传输设备。

二是光缆资源充分利用。Y 站新增 1 套地网光传输设备，按地区通信网规划，其应与新建地网 SDH 网络保持一致，即甲品牌设备，因此只能通过跳纤的方式接入 D 站或 G 站，因 A 站—E 站—F 站—G 站均为 24 芯光缆，而 A 站—B 站—C 站—D 站、A 站—H 站—I 站—D 站光缆资源相对充裕，因此考虑建设 Y 站至 D 站地网 SDH 622Mbit/s（1+1）光通信电路。如果 A 站—E 站—F 站—G 站光缆纤芯占用较少，且地区运维习惯性接入两个不同的站点，也可考虑建设 Y 站至 D 站、Y 站至 G 站地网 SDH 622Mbit/s（1+0）光通信电路。

评审要点 ▶▶▶

通信传输网在新旧网络更迭时存在较大运维压力，尤其是在老网络大面积覆盖地区，新增站点需接入新的通信传输网，需经过多个站点进行跳纤，增加了故障隐患的概率。如果地区通信网规划中，老的通信网络逐步缩小，被新通信网络覆盖，可考虑在旧设备大量集中的地方部署关键节点，便于新增站点的接入。

新增站点的接入，还需综合地区通信网规划、运行可靠性、经济性、设备全寿命周期等因素综合考虑设备配置及光通信电路的开通。

案例三

工程类型：110kV 电压等级光伏电站
评审类型：接入系统评审
主要问题：区域光缆瓶颈问题
评审时间：2022 年 8 月

一、接 入 系 统 方 案

Y 站为新建光伏电站，以 110kV 电压等级接入 110kV B 站，若 B 站投运时间晚于 Y 站并网时间，则 Y 站 T 接 110kV C 站至 220kV D 站 110kV 线路。

B 站初步设计方案已审定，B 站一期工程出线 3 回，Π 接 C 站至 D 站 110kV 线路，新建 1 回 110kV 线路至 D 站，最终形成 B 站至 C 站 1 回 110kV 线路、B 站至 D 站 2 回 110kV 线路。B 站接入系统方案如图 4-19 所示，Y 站接入系统最终方案、接入系统过渡方案如图 4-20、图 4-21 所示。

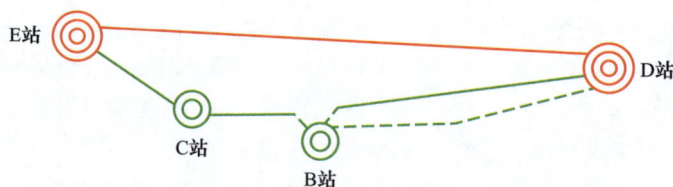

图 4-19　B 站接入系统方案图

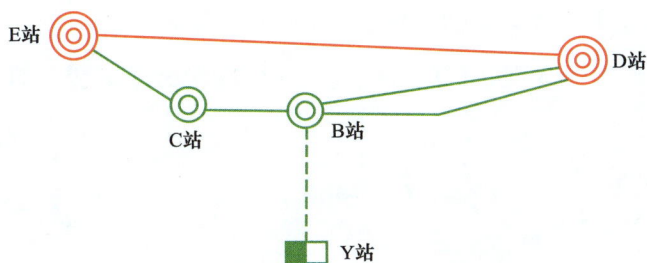

图 4-20　Y 站接入系统最终方案图

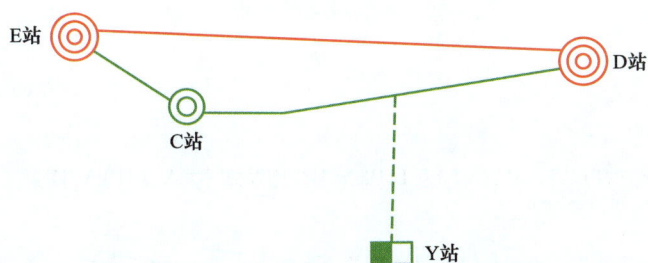

图 4-21　Y 站接入系统过渡方案图

二、线路方案及路径选择

Y 站至 B 站新建 110kV 线路采用单回架空线路，路径长度约 11km；过渡方案期间，Y 站至 T 接点新建 110kV 线路采用单回架空线路，路径长度约 11.5km。

B 站至 D 站新建 110kV 线路采用单回架空线路，路径长度约 6.5km。

三、相 关 通 信 现 状

C 站至 D 站 110kV 线路现有 1 根 8 芯 OPGW 光缆，投运时为 2011 年，其中 4 根纤芯中断无法使用。

B 站投运后，随 B 站至 D 站新建 110kV 线路架设 2 根 48 芯 OPGW 光缆，同时将 C 站至 D 站 8 芯 OPGW 光缆 Π 接入 B 站。

B 站投运前光缆现状、B 站投运后光缆现状如图 4-22、图 4-23 所示。

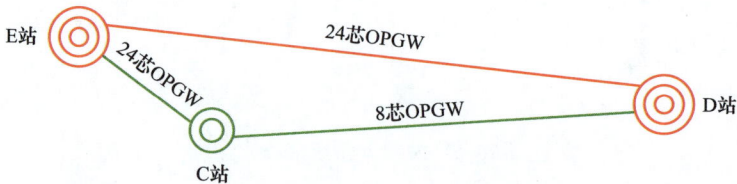

图 4-22　B 站投运前光缆现状图

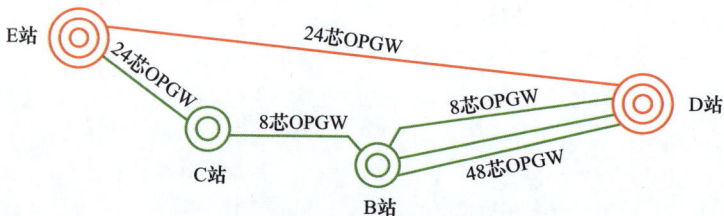

图 4-23　B 站投运后光缆现状图

四、系统通信原设计方案

1. 光缆建设方案

随 Y 站至 B 站新建 110kV 线路架设 1 根 24 芯 OPGW 光缆。

过渡方案期间，随 Y 站至 T 接点新建 110kV 线路架设 1 根 24 芯 OPGW 光缆，将 T 接点至 D 站 110kV 线路 1 根地线更换为 1 根 48 芯 OPGW 光缆（路径长度约 6.5km），形成 Y 站至 D 站 1 根 24 芯 OPGW 光缆。

过渡方案、最终方案光缆建设方案如图 4-24、图 4-25 所示。

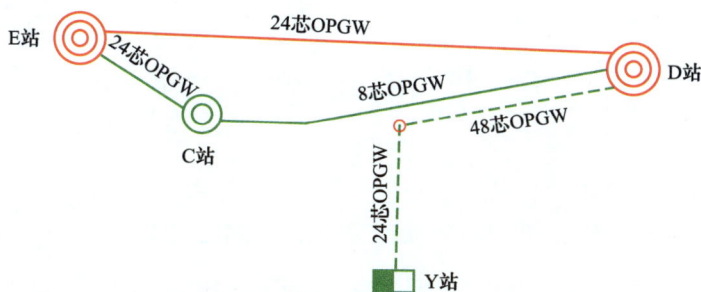

图 4-24 过渡方案光缆建设方案图

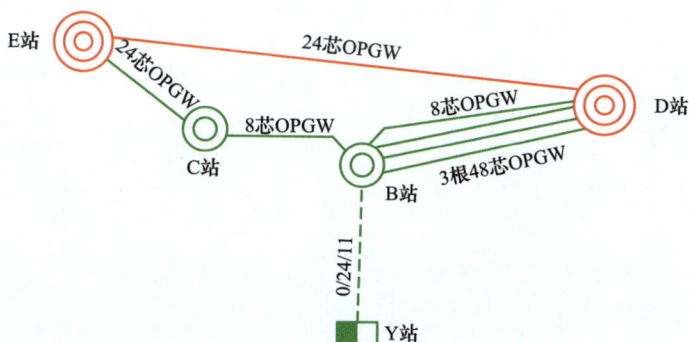

图 4-25 最终方案光缆建设方案图

2. 光通信电路

建设 Y 站至 B 站地网 SDH 155Mbit/s（1+1）光通信电路。

过渡方案期间，建设 Y 站至 D 站地网 SDH 155Mbit/s（1+1）光通信电路。

3. 设备配置

Y 站配置地网 SDH 155Mbit/s 平台光传输设备 1 套，B 站地网 SDH 光传输设备新增 2 块 155Mbit/s 光接口板。

过渡方案期间，D 站地网 SDH 光传输设备新增 2 块 155Mbit/s 光接口板。

五、评审建议方案

1. 光缆建设方案

随 Y 站至 B 站新建 110kV 线路架设 1 根 24 芯 OPGW 光缆。

过渡方案期间，随 Y 站至 T 接点新建 110kV 线路架设 1 根 24 芯 OPGW 光缆，将 T 接点至 C 站 110kV 线路 1 根地线更换为 1 根 48 芯 OPGW 光缆（路径长度约 6.4km），形成 Y 站至 C 站 1 根 24 芯 OPGW 光缆。

评审建议过渡方案、最终方案光缆建设如图 4-26、图 4-27 所示。

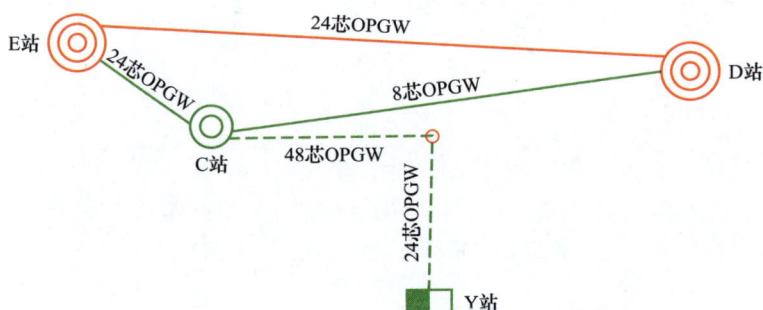

图 4-26　评审建议过渡方案光缆建设图

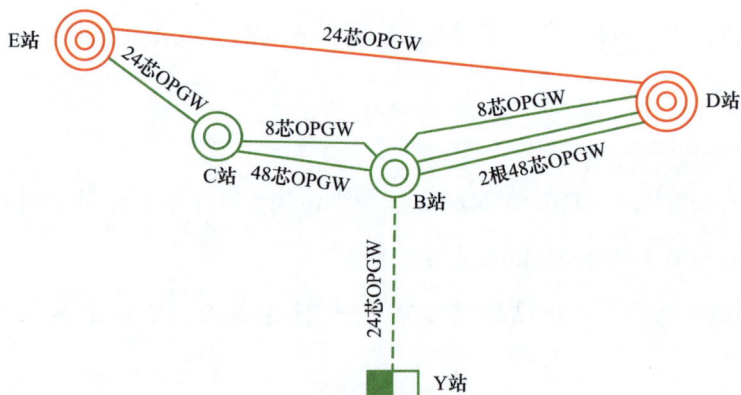

图 4-27　评审建议最终方案光缆建设图

2. 光通信电路

建设 Y 站至 B 站地网 SDH 155Mbit/s（1+1）光通信电路。

过渡方案期间，建设 Y 站至 C 站地网 SDH 155Mbit/s（1+1）光通信电路。

3. 设备配置

Y 站配置地网 SDH 155Mbit/s 平台光传输设备 1 套、B 站地网 SDH 光传输设备新增 2 块 155Mbit/s 光接口板。

过渡方案期间，C 站地网 SDH 光传输设备新增 2 块 155Mbit/s 光接口板。

六、评 审 分 析

该案例主要对过渡方案中的光缆建设方案进行了调整，光通信电路和设备配置做相应调整。

评审建议方案将 T 接点至 D 站 110kV 线路 1 根地线更换为 1 根 48 芯 OPGW 光缆调整为将 T 接点至 C 站 110kV 线路的 1 根地线更换为 1 根 48 芯 OPGW 光缆。

过渡方案期间，将 T 接点至 D 站、或 T 接点至 C 站的 1 根地线更换为 1 根 48 芯 OPGW 光缆，均能满足 Y 站接入需求，且 T 接点至 C 站、与 T 接点至 D 站距离分别为 6.4km 和 6.5km，不论从站点接入需求还是经济性方面都是可行的。

但该方案应重点考虑 B 站投运后该区域光缆网架结构，B 站 Π 接 C 站至 D 站 110kV 线路，新建 1 回 110kV 线路至 D 站，考虑 D 站—B 站—C 站—E 站 110kV 线路光缆情况，随 B 站—D 站新建 110kV 线路架设 2 根 48 芯 OPGW 光缆。若采用原设计方案，B 站投运后，形成了 B 站至 D 站 3 根 48 芯 OPGW 光缆和 1 根 8 芯的 OPGW 光缆，光缆资源相对丰富，而 B 站至 C 站 110kV 线路上只有 1 根 8 芯 OPGW 光缆，且该光缆运行年限长，存在运行风险，制约了 D 站—B 站—C 站—E 站 110kV 线路光缆资源的利用。

评审建议方案将 T 接点至 C 站 110kV 线路 1 根地线更换为 1 根 48 芯 OPGW 光缆，这样 B 站投运后，B 站至 D 站有 2 根 48 芯和 1 根 8 芯 OPGW 光缆，B 站至 C 站有 1 根 48 芯和 1 根 8 芯 OPGW 光缆，提升了 B 站至 C 站光缆资源，形成 D 站—B 站—C 站—E 站 110kV 线路 1 根 24 芯 OPGW 光缆，从根本上解决了 C 站至 B 站的光缆瓶颈问题，有利于该区域光缆网架发展。

评审要点 ＞＞＞

光缆建设方案在满足场站接入需求的前提下，应与已审定或规划项目进行充分衔接，方案应尽可能优化区域光缆网架结构，提升站点接入可靠性。

五

兼顾远期发展需求

本章节共收录 3 项案例，其中 2 项为 220kV 变电站 110kV 送出工程，1 项为 110kV 输变电工程。案例一为 220kV 变电站 110kV 送出工程，光缆建设方案未兼顾远期工程；方案二为 220kV 变电站 110kV 送出工程，在原光缆建设方案的基础上，又给出了 1 种光缆建设方案；方案三为 110kV 输变电工程，主要涉及同塔四回路段光缆建设方案。

案例一

工程类型：220kV 变电站 110kV 送出工程
评审类型：可研评审
主要问题：光缆建设
评审时间：2022 年 4 月

一、接入系统方案

220kV 出线规模：最终 8 回，一期出线 4 回，分别Π接 220kV A 站至 220kV C 站、220kV B 站至 C 站 220kV 线路，最终形成 Y 站至 A 站、Y 站至 B 站各 1 回 220kV 出线，Y 站至 C 站 2 回 220kV 出线。

110kV 出线规模：最终 12 回，本期出线 3 回，新建 Y 站至 D 站 2 回 110kV 线路、Y 站至 G 站 1 回 110kV 线路。

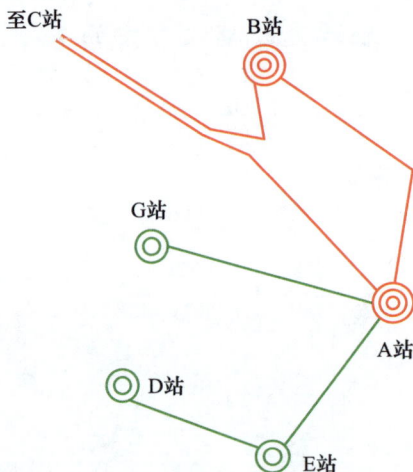

图 5-1 接入系统现状图

H 站为 110kV 规划站点，远期通过Π接 Y 站至 D 站Ⅰ回 110kV 线路接入系统。

D 站是早期建设 110kV 变电站，为单电源站点。

接入系统现状、接入系统方案和接入系统规划如图 5-1～图 5-3 所示。

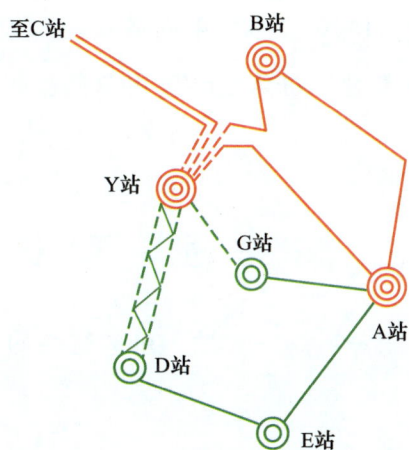

图 5-2　接入系统方案图

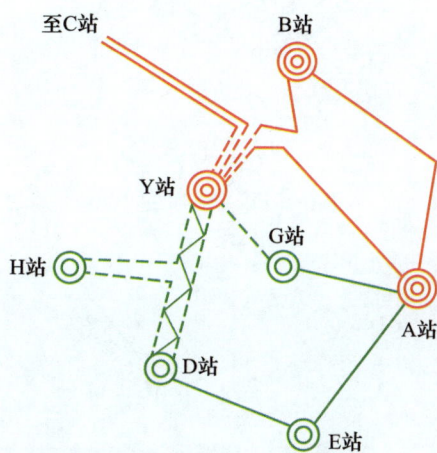

图5-3　接入系统规划图

二、线路方案及路径选择

Y 站至 D 站新建 110kV 线路采用同塔双回架设，线路路径长度约 13.3km。Y 站至 G 站新建 110kV 线路采用单回架设，线路路径长度约 6.3km。

三、相 关 通 信 现 状

G 站至 A 站、D 站—E 站—A 站 110kV 线路均有 1 根 24 芯 OPGW 光缆。

光缆现状如图 5-4 所示。

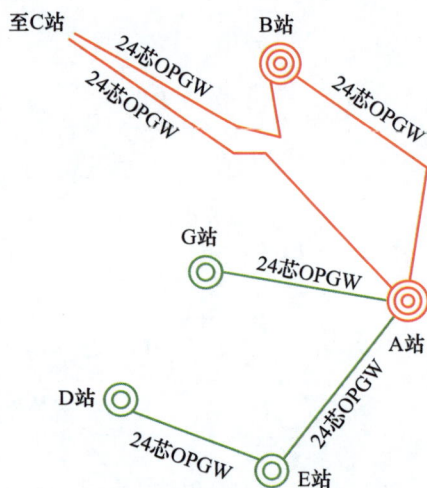

图 5-4　光缆现状图

Y 站本体工程中，Y 站至 A 站、Y 站至 B 站各架设有 1 根 24 芯 OPGW 光缆，Y 站至 C 站架设有 2 根 24 芯 OPGW 光缆，如图 5-5 所示。

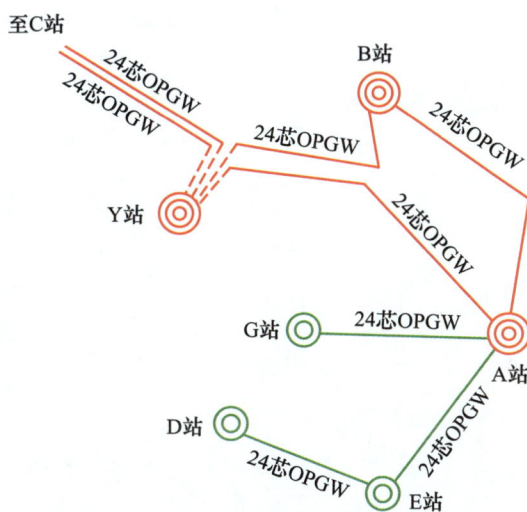

图 5-5 Y 站本体工程光缆建设方案图

四、系统通信原设计方案

1. 光缆建设方案

随 Y 站至 D 站新建同塔双回 110kV 线路架设 1 根 48 芯 OPGW 光缆。

随 Y 站至 G 站新建 110kV 线路架设 1 根 48 芯 OPGW 光缆。

原设计方案光缆建设方案如图 5-6 所示。

2. 光通信电路

建设 Y 站至 D 站、Y 站至 G 站地网 SDH 622Mbit/s（1+0）光通信电路、PTN 1Gbit/s（1+0）光通信电路。

3. 设备配置

Y 站地网 SDH 光传输设备新增 2 块 622Mbit/s 光接口板，PTN 设备新增 2 块 GE 板。

D 站、G 站地网 SDH 光传输设备各新增 1 块 622Mbit/s 光接口板，PTN 设备各新增 1 块 GE 板。

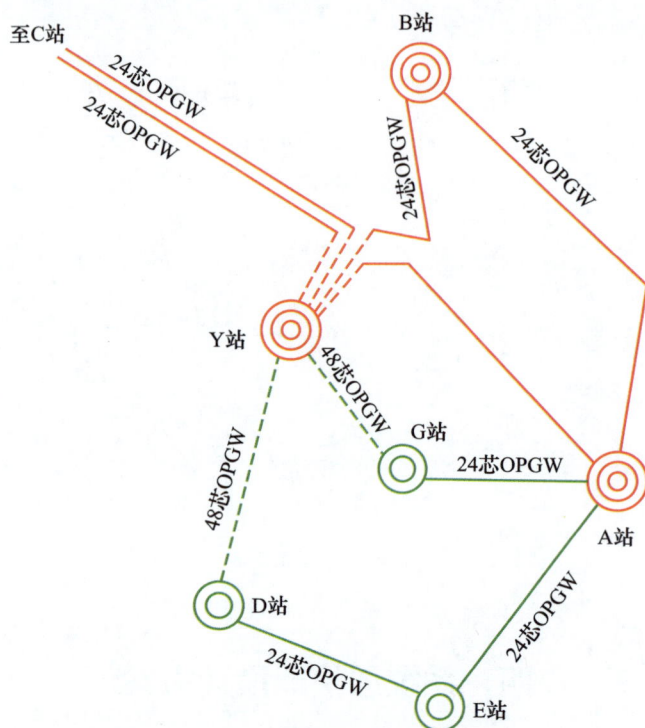

图 5-6　原设计方案光缆建设方案图

五、评审建议方案

1. 光缆建设方案

随 Y 站至 D 站新建同塔双回 110kV 线路架设 2 根 48 芯 OPGW 光缆。

随 Y 站至 G 站新建 110kV 线路架设 1 根 48 芯 OPGW 光缆。

评审建议方案光缆建设方案如图 5-7 所示。

2. 光通信电路

光通信电路建设方案与原设计方案一致。

3. 设备配置

设备配置方案与原设计方案一致。

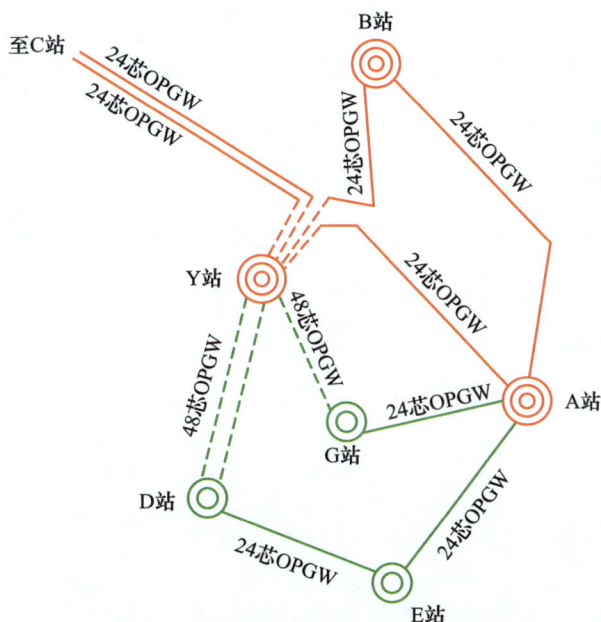

图 5-7　评审建议方案光缆建设方案图

六、评　审　分　析

本案例调整了光缆建设方案，光通信电路及设备配置未做改动。

评审建议方案将 Y 站至 D 站同塔双回 110kV 线路光缆建设方案由 1 根 48 芯 OPGW 光缆调整为 2 根 48 芯 OPGW 光缆，主要原因如下。

一是原设计方案满足本期工程需求。就本期工程来说，Y 站 110kV 送出线路工程优化了该地区光缆网架，使得 H 站和 D 站两个 110kV 变电站满足了双路由接入，由原来的链路接入优化为环网接入地区光通信环网，满足了《电力通信网规划设计技术导则》（Q/GDW 11358—2019）中对 110kV 变电站的双路由要求，提升了站点可靠性，因此，就本期工程来看，光缆设计方案是能够满足需求的。

　　二是评审建议方案更易于满足远期站点接入及运维需求。远期，H 站Π 接 Y 站至 D 站 110kV 线路，Π 接该线路光缆，若按原设计方案，Y 站至 D 站同塔双回 110kV 线路架设 1 根 48 芯 OPGW 光缆，则该光缆随线路Π 接 H 站，光缆建设如图 5-8 所示，能够满足 H 站双路由接入要求，但 Y 站至 D 站 110kV 线路无直达光缆。评审建议方案远期 H 站接入后，光缆建设如图 5-9 所示，使得 Y 站至 D 站光缆资源相对富裕；若远期 D 站至 Y 站另一回 110kV 线路中再串入一个 110kV 变电站，也能使光缆与线路路径保持一致，更易于运维。

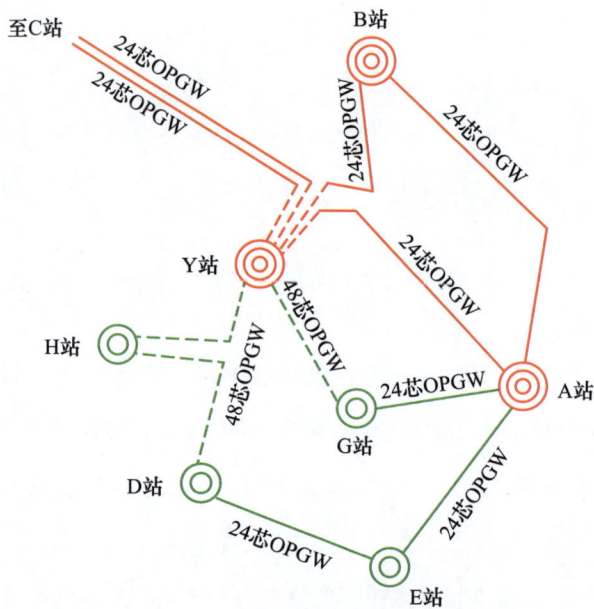

图 5-8　原设计方案远期光缆规划建设图

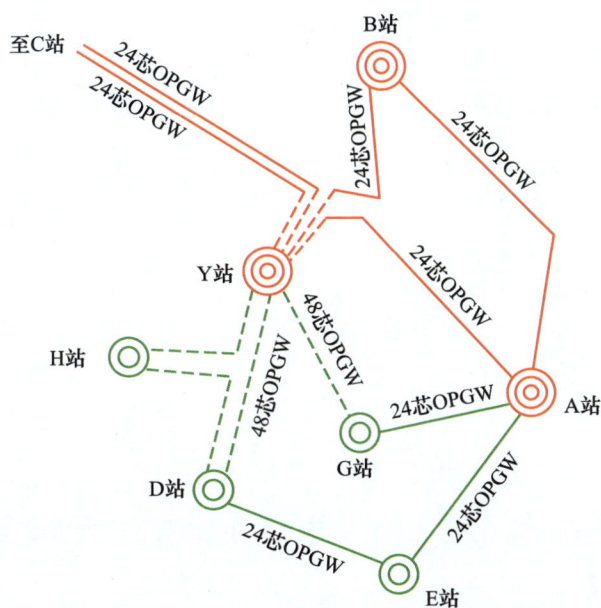

图 5-9 评审建议方案远期光缆规划建设图

评审要点

220kV 变电站 110kV 送出工程光缆建设方案主要用于优化完善地区光缆网架结构,同时应兼顾远期工程需求。

案例二

工程类型：220kV 变电站 110kV 送出工程
评审类型：可研评审
主要问题：光缆建设
评审时间：2021 年 7 月

一、接 入 系 统 方 案

220kV 出线规模：最终出线 6 回，本期 2 回，至 220kV A 站 1 回、至 220kV B 站 1 回。

110kV 出线规模：最终出线 6 回，本期 4 回，至 110kV C 站 2 回、至 110kV D 站 2 回。

接入系统现状、接入系统方案如图 5-10、图 5-11 所示。

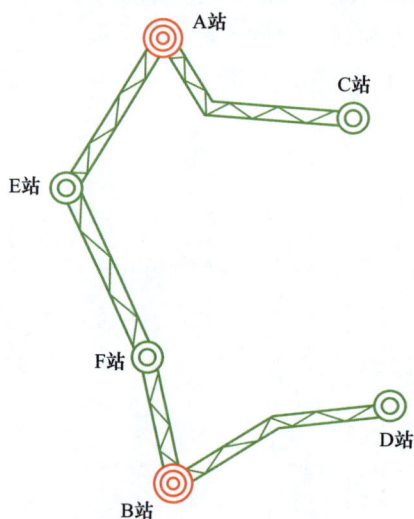

图 5-10　接入系统现状图

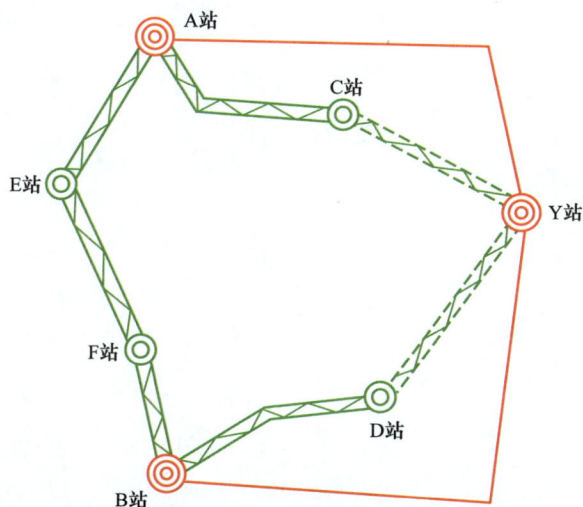

图 5-11　接入系统方案图

二、线路方案及路径选择

Y 站至 C 站、Y 站至 D 站新建 110kV 线路均采用同塔双回架设，路径长度分别为 5.6、6.3km。

三、系统通信现状

Y 站至 A 站、Y 站至 B 站 220kV 线路各有 2 根 72 芯 OPGW 光缆；D 站—B 站—F 站—E 站—A 站—C 站 110kV 线路各有 1 根 48 芯 OPGW 光缆。

光缆现状如图 5-12 所示。

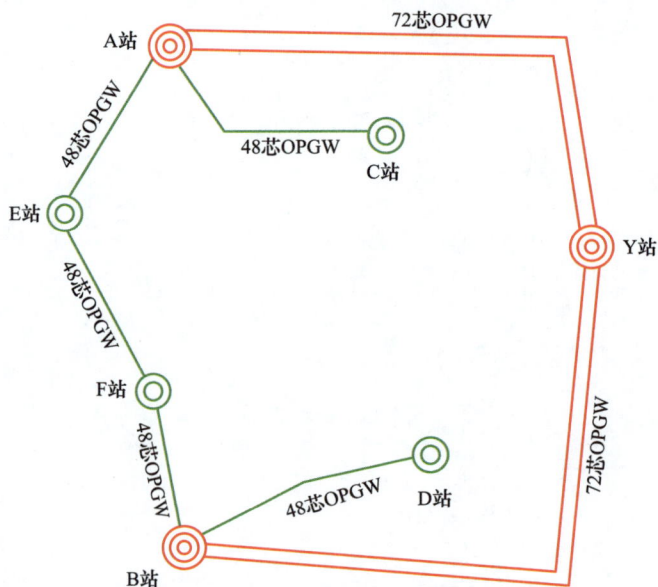

图 5-12　光缆现状图

四、系统通信原设计方案

1．光缆建设方案

随 Y 站至 C 站、Y 站至 D 站新建 110kV 同塔双回线路各架设 1 根 48 芯 OPGW 光缆。

原设计方案光缆建设方案如图 5-13 所示。

2．光通信电路

建设 Y 站至 C 站、Y 站至 D 站地网 SDH 622Mbit/s（1+0）光通信电路和 PTN 1Gbit/s（1+0）光通信电路。

3．设备配置

Y 站地网 SDH 光传输设备新增 2 块 622Mbit/s 光接口板、PTN 光传输设备新增 2 块 GE 板，C 站、D 站地网 SDH 光传输设备各新增 1 块

622Mbit/s 光接口板、PTN 光传输设备各新增 1 块 GE 板。

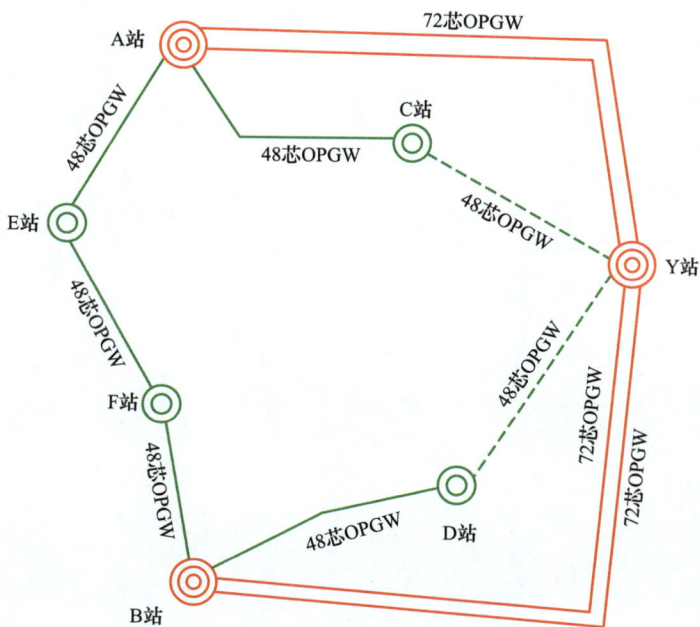

图 5-13 原设计方案光缆建设方案图

五、其 他 建 议 方 案

1. 光缆建设方案

随 Y 站至 C 站、Y 站至 D 站新建同塔双回 110kV 线路各架设 2 根 48 芯 OPGW 光缆。其他建议方案光缆建设方案如图 5-14 所示。

2. 光通信电路

光通信电路与设计方案一致。

3. 设备配置

设备配置与原设计方案一致。

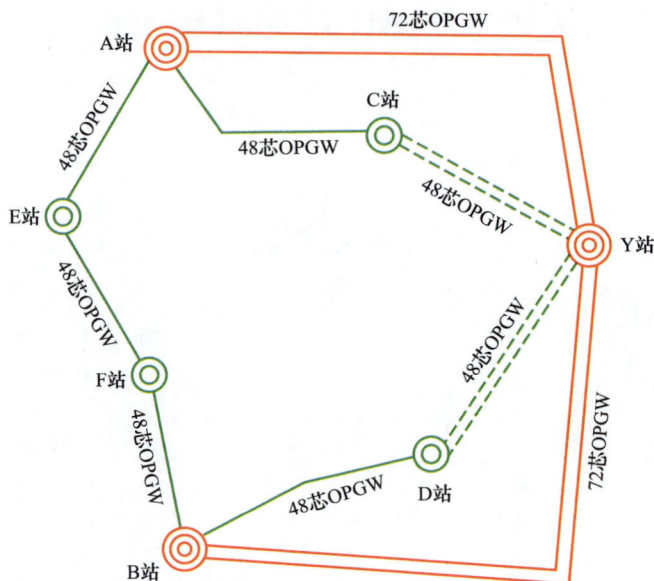

图 5-14 其他建议光缆建设方案图

六、方 案 分 析

系统通信原设计方案与建议方案中光缆建设方案均能满足站点接入需求，均优化了该区域光缆网架。

从电网网架结构看，A 站—E 站—F 站—B 站—D 站—Y 站—C 站—A 站 110kV 线路均采用同塔双回架设，网架结构清晰；从光缆现状看，C 站—A 站—E 站—F 站—B 站—D 站 110kV 线路上均架设有 1 根 48 芯 OPGW 光缆，光缆资源分布均匀。

原设计方案，随 Y 站至 C 站、Y 站至 D 站新建同塔双回 110kV 线路各架设 1 根 48 芯 OPGW 光缆，从电网网架结构、及光缆建设现状来看，A 站—E 站—F 站—B 站—D 站—Y 站—C 站—A 站形成了 1 根 48 芯的 110kV 电压等级的光缆环网，光缆网架结构清晰，且 A 站至 Y 站、B 站至 Y 站 220kV 线路上均有 2 根 72 芯 OPGW 光缆，光缆资源丰富，在没有其他额外需求的前提下，原设计方案优化了该地区光缆网架结构，满足了 C 站、D 站双路由接入要求，提升了该区域光通信网络的可靠性。

其他建议方案，随 Y 站至 C 站、Y 站至 D 站新建同塔双回 110kV 线路各架设 2 根 48 芯 OPGW 光缆，而光缆现状中，C 站—A 站—E 站—F 站—B 站—D 站 110kV 线路上均只有 1 根 48 芯 OPGW 光缆，Y 站至 C 站、Y 站至 D 站的 2 根 48 芯光缆似乎与 1 根 48 芯光缆区别不大，尤其是 A 站至 Y 站、B 站至 Y 站 220kV 线路上还均有 2 根 72 芯 OPGW 光缆，似乎看不到架设 2 根 48 芯光缆的必要性。与系统一次求证，近期该区域电网的变化不大，但是远期系统一旦变化，光缆资源充裕会更有利于光缆网架调整，有利于光缆与一次线路同路径，便于运维；且随着能源互联网的发展，对电力系统通信提出了更高的要求，在统筹经济性的前提下，适当建设光缆资源有利于未来发展。因此，基于上述需求，架设 2 根 48 芯光缆也是可行的。

评审要点 ▶▶▶

在优化区域光缆网架，提升站点可靠性的基础上，若有多个方案，可适当结合运维、未来发展等需求，必要时可进行方案比选。

案例三

工程类型：110kV 输变电工程
评审类型：可研评审
主要问题：光缆建设
评审时间：2020 年 5 月

一、接入系统方案

110kV 出线规模：最终 4 回，本期 2 回，Π 接 220kV A 站至 220kV B 站 110kV 线路，形成 Y 站至 A 站、Y 站至 B 站各 1 回 110kV 线路。接入系统现状、接入系统方案如图 5-15、图 5-16 所示。

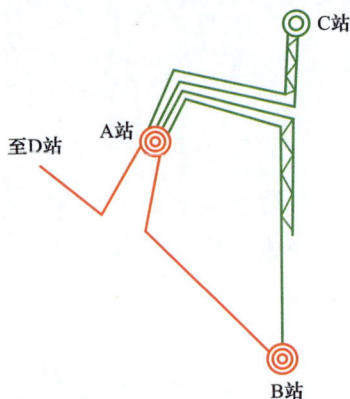

图 5-15　接入系统现状图

二、线路方案及路径选择

Y 站至 Π 接点新建 110kV 线路采用同塔四回架设，路径长度约 3.5km，其中 2 回线路用于本期 Π 接 B 站至 A 站 110kV 线路，另外 2 回 110kV 线路为远期预留。

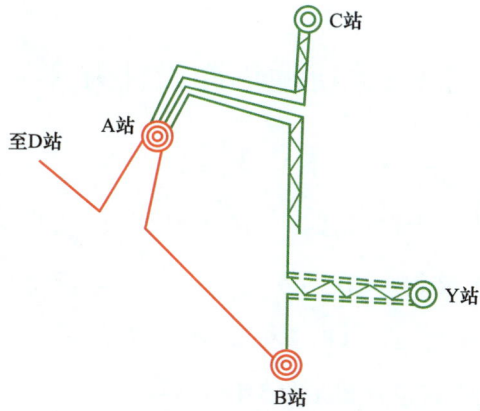

图 5-16 接入系统方案图

三、相关通信现状

A 站至 B 站 110kV 线路现有 1 根 24 芯 OPGW 光缆，光缆现状如图 5-17 所示。

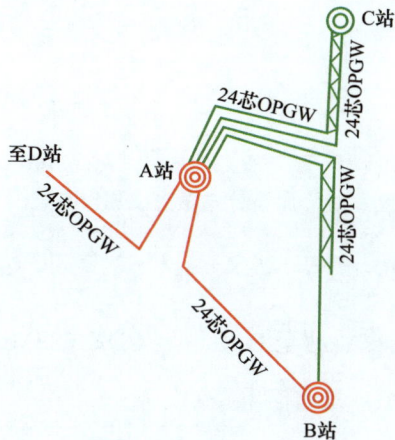

图 5-17 光缆现状图

四、系统通信原设计方案

1. 光缆建设方案

随 Y 站至 Π 接点新建同塔四回 110kV 线路架设 2 根 48 芯 OPGW 光缆，Π 接 A 站至 B 站 1 根 24 芯 OPGW 光缆，形成 Y 站至 A 站、Y 站至 B 站各 1 根 24 芯 OPGW 光缆，预留 2 根 24 芯 OPGW 光缆。

原设计方案光缆建设方案如图 5-18 所示。

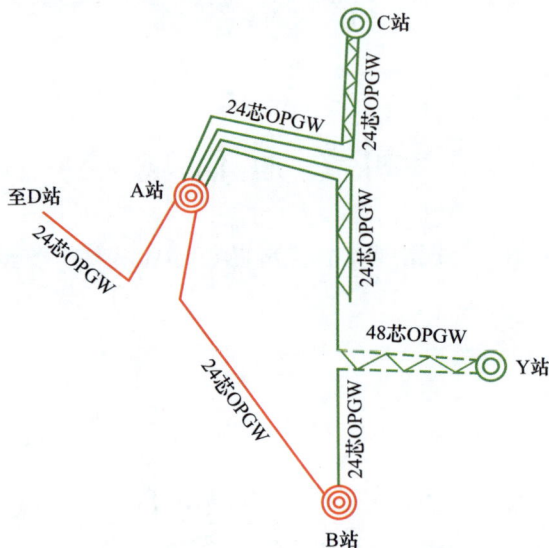

图 5-18　原设计方案光缆建设方案图

2. 光通信电路

建设 Y 站至 A 站、Y 站至 B 站地网 SDH 622Mbit/s（1+0）光通信电路和 PTN 1Gbit/s（1+0）光通信电路。

3. 设备配置

Y 站配置地网 SDH 622Mbit/s 平台光传输设备 1 套，接入层 PTN 光传输设备 1 套。

五、评审建议方案

1. 光缆建设方案

随 Y 站至 Π 接点新建同塔四回 110kV 线路架设 2 根 72 芯 OPGW 光缆，Π 接原线路 1 根 24 芯 OPGW 光缆，形成 Y 站至 A 站、Y 站至 B 站各 1 根 24 芯 OPGW 光缆，预留 2 根 48 芯 OPGW 光缆。评审建议方案光缆建设方案如图 5-19 所示。

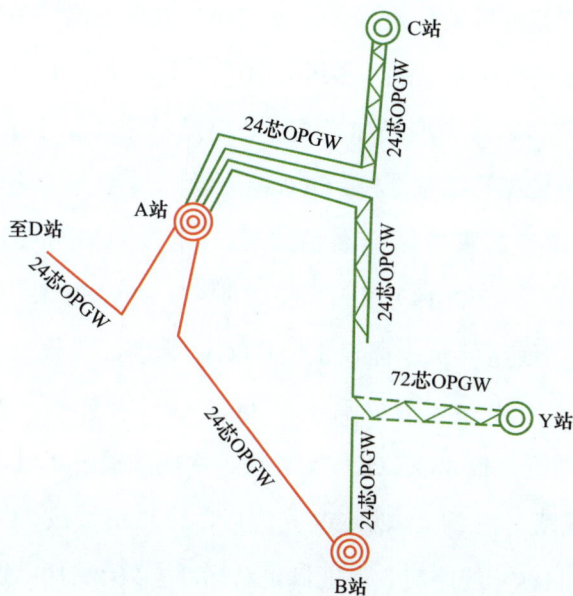

图 5-19　评审建议方案光缆建设方案图

2. 光通信电路

光通信电路建设方案与设计方案一致。

3. 设备配置

设备通信方案与设计方案一致。

六、评 审 分 析

本方案只调整了光缆建设方案，光通信电路及设备配置未做改动。

评审建议方案将同塔四回 110kV 线路段 2 根 48 芯 OPGW 光缆调整为 2 根 72 芯 OPGW 光缆，主要原因如下。

一是应与最新建设标准保持一致。《电力通信网规划设计技术导则》（Q/GDW 11358—2019）中关于 110kV 线路架设光缆的规定为"110kV 架空线路应至少建设 1 根 OPGW 光缆，每根光缆芯数不少于 48 芯"，关于同塔多回线路架设光缆的规定为"9.1.5 110kV 及以上同塔多回线路光缆区段，同塔架设 2 根 OPGW 光缆；多级通信网共用光缆区段，以及入城光缆、过江大跨越光缆等，应适度增加光缆纤芯裕量。"因此，按最新标准要求，同塔四回线路段应架设 2 根 72 芯 OPGW 光缆。

二是远期建设需求与新标准相结合。《电力通信网规划设计技术导则》（Q/GDW 11358—2019）中关于 110kV 架空线路架设光缆的标准为："110kV 架空线路应至少建设 1 根 OPGW 光缆，每根光缆芯数不少于 48 芯"。本工程中 A 站至 B 站有 1 根 24 芯 OPGW 光缆，本期同塔四回 110kV 线路若架设 2 根 48 芯 OPGW 光缆，本期分别用 2 根 48 芯光缆中的 24 芯 II 接原线路 1 根 24 芯 OPGW 光缆后，仅预留 2 根 24 芯光缆，远期利用预留两回 110kV 线路时，不能满足新标准中关于 110kV 架空线路每根光缆芯数不少于 48 芯的要求；而评审建议方案中架设 2 根 72 芯光缆，则不存在该问题。

评审要点 ▶▶▶

光缆建设方案应在兼顾实际需求的同时，考虑远期发展需要，理论上应按最新建设标准进行建设。

六

其　他

　　本章节共收录 3 项案例，其中 1 项为 110kV 输变电工程，2 项为 220kV 输变电工程。案例一为 110kV 输变电工程，涉及光缆建设是否与线路同路径，及原光缆承载的保护业务等问题；案例二为 500kV 变电站 220kV 送出工程，涉及如何充分利用原有预留光缆，及同路径电缆隧道敷设光缆问题；案例三为 220kV 输变电工程，主要涉及 220kV 线路保护"双设备，三路由"中三路由的组织方案。

案例一

工程类型：110kV 输变电工程
评审类型：可研评审
主要问题：光缆建设
评审时间：2021 年 5 月

一、接 入 系 统 方 案

110kV 出线规模：最终出线 6 回，本期 2 回，分别新建 1 回 110kV 线路至 220kV A 站和 220kV B 站。

接入系统现状、接入系统方案如图 6-1、图 6-2 所示。

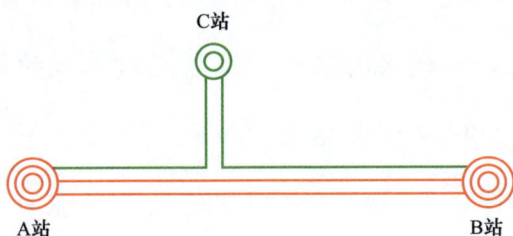

图 6-1 接入系统现状图

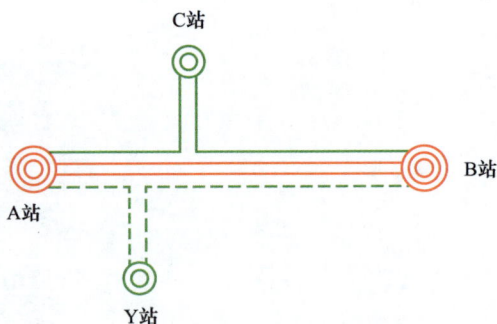

图 6-2 接入系统方案图

二、线路方案及路径选择

C站为已有110kV变电站，分别通过1回110kV线路接至A站和B站，采用排管+电缆隧道方式敷设，线路长度分别约2km和8km。C站至隧道段110kV线路采用排管敷设，A站至C站、B站至C站部分110kV线路与A站至B站220kV线路同电缆隧道敷设。

Y站至A站、Y站至B站新建110kV线路采用排管+电缆隧道方式敷设，电缆隧道与A站至C站、B站至C站110kV线路、A站至B站220kV线路同电缆隧道敷设；Y站至A站、Y站至B站110kV线路路径长度分别约1.8km和6.8km。

三、相 关 通 信 现 状

A站至B站220kV电缆线路敷设有2根48芯管道光缆；A站至C站、B站至C站110kV电缆线路各有1根48芯管道光缆。光缆现状如图6-3所示。

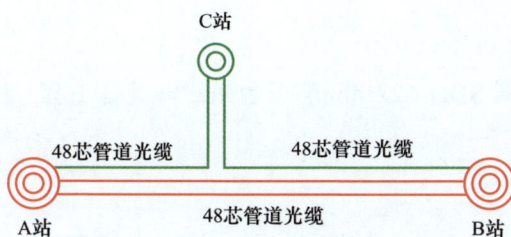

图 6-3 光缆现状图

四、系统通信原设计方案

1. 光缆建设方案

随 Y 站至 Π 接点新建电缆线路敷设 2 根 48 芯管道光缆，Π 接 A 站至 C 站 1 根 48 芯管道光缆，最终形成 Y 站至 A 站、Y 站至 C 站各 1 根 48 芯管道光缆。原设计方案光缆接入方案如图 6-4 所示。

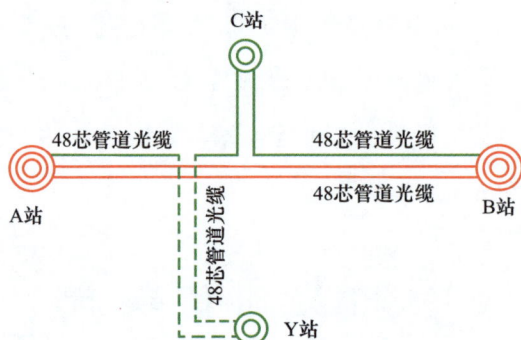

图 6-4 原设计方案光缆建设方案图

2. 光通信电路

建设 Y 站至 A 站、Y 站至 C 站地网 SDH 622Mbit/s（1+0）光通信电路和 PTN 1Gbit/s（1+0）光通信电路。

3. 设备配置

Y 站配置地网 SDH 622Mbit/s 平台光传输设备 1 套、接入层 PTN 光传输设备 1 套。

五、其他建议方案

1. 光缆建设方案

随 Y 站至 A 站、Y 站至 B 站新建电缆线路各敷设 1 根 48 芯管道光缆。其他建议方案光缆接入方案如图 6-5 所示。

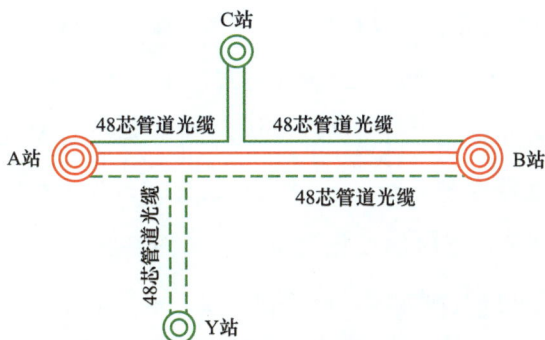

图 6-5　其他建议方案光缆接入方案图

2．光通信电路

建设 Y 站至 A 站、Y 站至 B 站地网 SDH 622Mbit/s（1+0）光通信电路和 PTN 1Gbit/s（1+0）光通信电路。

3．设备配置

Y 站配置地网 SDH 622Mbit/s 平台光传输设备 1 套、接入层 PTN 光传输设备 1 套。

六、评 审 分 析

本案例主要调整了光缆建设方案，原设计方案中，将 A 站至 C 站 110kV 线路光缆 Π 接入了 Y 站，其他建议方案随 Y 站至 A 站、Y 站至 B 站新建电缆线路分别敷设了 1 根 48 芯管道光缆；并在 A 站和 B 站增加了相应板卡。

就 Y 站接入需求来说，不论是原设计方案还是其他建议方案均能满足要求，原设计方案比其他建议方案还节省了投资，其他建议方案主要考虑以下因素：

一是考虑原线路保护业务需求。首先，Y 站分别新建 1 回 110kV 电缆线路至 A 站和 B 站，未涉及 A 站至 C 站 110kV 线路。其次，应注意到 A

站至 C 站 110kV 线路路径长度约 2km，该线路配置有 110kV 线路差动保护，且采用专用纤芯通道。若采用原设计方案，Π 接 A 站至 C 站 1 根 48 芯管道光缆，会影响 A 站至 C 站 110kV 线路正常运行，且 Y 站投运后，A 站至 C 站 110kV 线路保护需经过 Y 站进行跳接，增加了故障点。原设计方案在施工时需根据施工时间及相关要求提前做好 A 站至 C 站 110kV 线路保护等业务的报备或过渡方案；而其他建议方案则不存在该问题。

若原 A 站至 C 站 110kV 线路保护通道采用复用 2M 通道，在 Y 站施工阶段，可进行迂回，则不会影响 A 站至 C 站 110kV 线路正常运行。

二是考虑光缆与线路同路径。从运维角度看，希望光缆与线路同路径，这样不论光缆运行时间长短、运行人员更新换代，都不会因光缆与线路不同路径对安全生产造成隐患。原设计方案中光缆与线路不同路径，其他建议方案中光缆与线路同路径，易于后期运维。

三是考虑网架结构及经济性。从整体网架结构来看，原设计方案，形成了 A 站—Y 站—C 站—B 站的网络结构；其他建议方案，则形成了 A 站—Y 站—B 站、A 站—C 站—B 站的网架结构，Y 站和 C 站均通过 A 站和 B 站接入地区光纤传输网，均是合理的网架结构；必要时还需统筹通信运维人员对地区网架结构的建议。其他建议方案增加了光缆和设备板卡的投资，比原设计方案增加了投资。

评审要点 ＞＞＞

光缆建设方案应考虑是否对现运行线路造成影响，需统筹运维需求、网架需求、经济性等各类因素，必要时应进行方案比选。

案例二

工程类型：500kV 变电站 220kV 送出工程
评审类型：可研评审
主要问题：光缆建设
评审时间：2020 年 7 月

一、接入系统方案

A 站为 500kV 变电站，B 站、C 站、D 站均为 220kV 变电站，目前已形成 A 站至 B 站、A 站至 C 站、B 站至 C 站、C 站至 D 站各 2 回 220kV 线路，其中 A 站至 C 站预留有 2 回 220kV 线路。

本期工程为 D 站 220kV 线路加强工程，利用 A 站至 C 站 1 回预留线路建设 A 站至 D 站 1 回 220kV 线路。

接入系统现状、接入系统方案如图 6-6、图 6-7 所示。

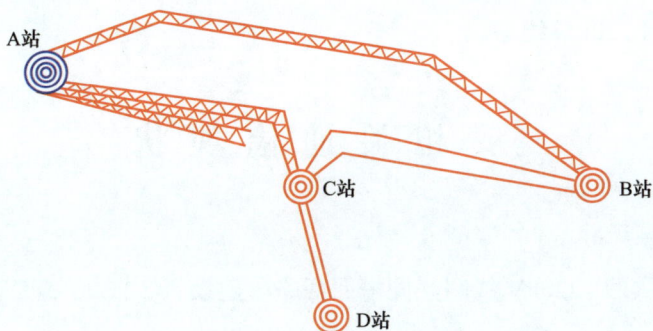

图 6-6　接入系统现状图

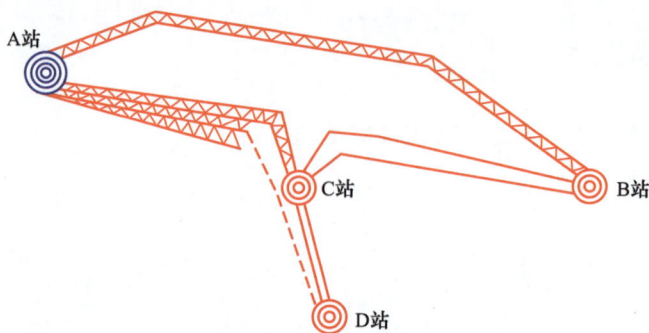

图 6-7　接入系统方案图

二、线路方案及路径选择

A 站至 C 站 220kV 线路采用同塔四回和同塔双回架设，同塔四回线路段预留 2 回 220kV 线路，其中同塔四回段路径长度约 8.6km，同塔双回路段路径长度约 0.6km；C 站至 D 站 220kV 线路沿隧道采用电缆方式敷设，路径长度约 7.7km。

本期工程建设 A 站至 D 站 1 回 220kV 线路，利用 A 站至 C 站同塔四回预留线路，并沿 D 站至 C 站隧道敷设 220kV 电缆线路，最终形成 A 站至 D 站 1 回 220kV 线路。

三、相 关 通 信 现 状

1. 光缆现状

A 站至 C 站 220kV 线路，同塔四回路段建设有 2 根 48 芯 OPGW 光缆，同塔双回路段架设有 2 根 24 芯 OPGW 光缆，形成 A 站至 C 站 2 根 24 芯 OPGW 光缆，预留 2 根 24 芯 OPGW 光缆。

A 站至 B 站同塔双回 220 kV 线路架设有 2 根 24 芯 OPGW 光缆；B 站至 C 站 220kV 线路架设有 1 根 24 芯 OPGW 光缆；C 站至 D 站 220kV

电缆线路敷设有 2 根 48 芯管道光缆。

光缆现状如图 6-8 所示。

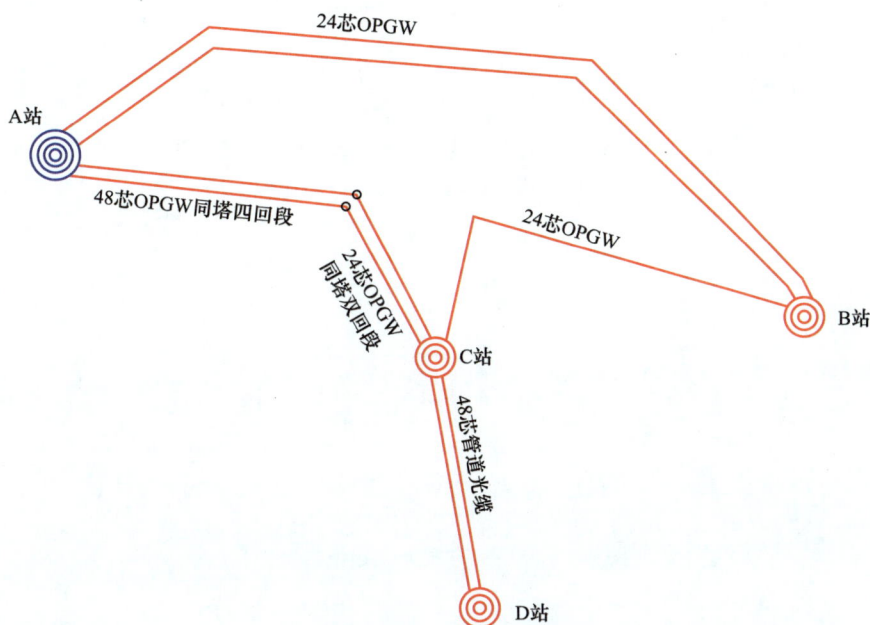

图 6-8　光缆现状图

2. 光通信电路现状

已形成 C 站—D 站—B 站省网 SDH 2.5Gbit/s（1+0）光通信电路和地网 SDH 2.5Gbit/s（1+0）光通信电路；A 站、B 站、C 站均在光纤通信环网内。

四、系统通信原设计方案

1. 光缆建设方案

随 D 站至 C 站 220kV 电缆线路敷设 2 根 24 芯管道光缆，与同塔四回线路预留光缆接续，形成 A 站至 D 站 2 根 24 芯管道光缆。

原设计方案光缆建设方案如图 6-9 所示。

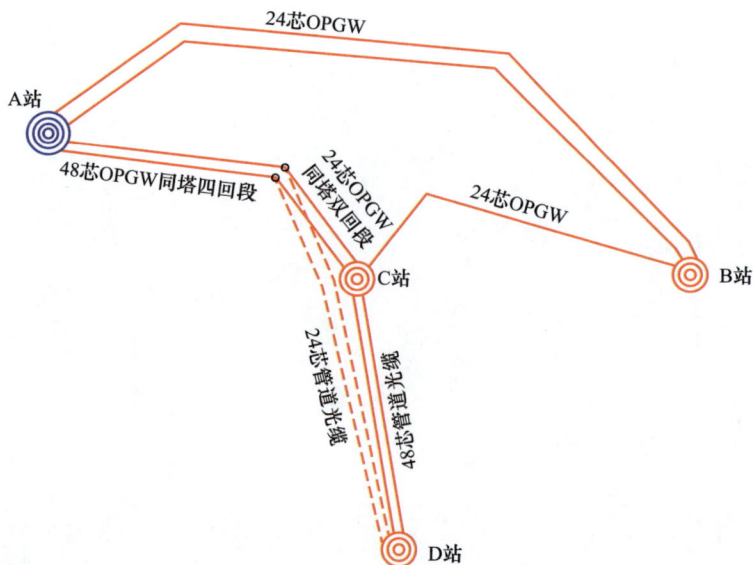

图 6-9　原设计方案光缆建设方案图

2. 光通信电路

将 D 站至 B 站（在 C 站跳纤）省网、地网 SDH 2.5Gbit/s（1+0）光通信电路调整为 D 站至 A 站省网、地网 SDH 2.5Gbit/s（1+0）光通信电路。

3. 设备配置

本期不新增光通信设备。

五、其他建议方案

1. 光缆建设方案

将 A 站至 C 站 220kV 线路同塔双回路段 2 根 24 芯 OPGW 光缆更换为 2 根 48 芯 OPGW 光缆，形成 A 站至 C 站 2 根 48 芯 OPGW 光缆。

其他建议方案光缆建设方案如图 6-10 所示。

2.光通信电路

本期不开通新的光通信电路。

3.设备配置

本期不新增光通信设备。

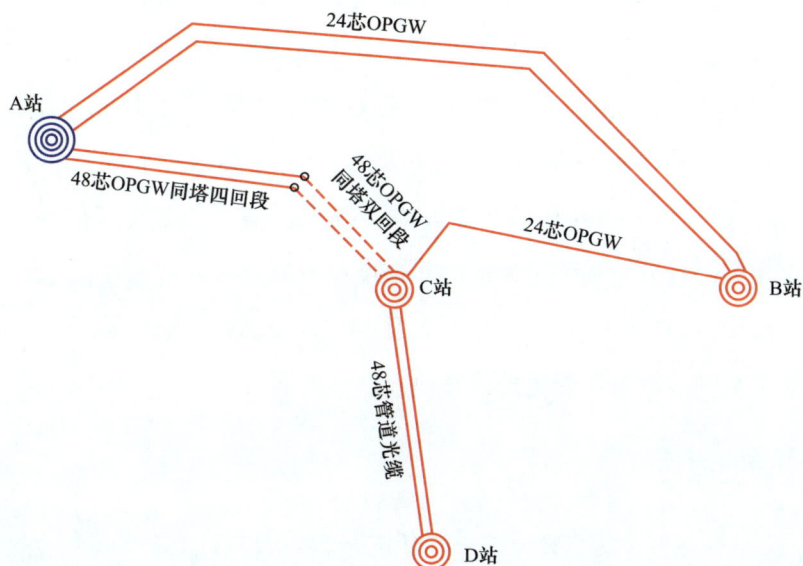

图 6-10　其他建议方案光缆建设方案图

六、评 审 分 析

其他建议方案主要调整了光缆建设方案，光通信电路随光缆建设方案调整。

原设计方案，光缆建设方面，遵循光缆与线路路径保持一致的原则，利用原预留光缆，建设了 A 站至 C 站 220kV 线路直达光缆，利于后期运维。光通信电路方面，D 站为末端站点，D 站至 B 站没有直达光缆，通过 C 站跳接，建设了 D 站至 B 站省网、地网 SDH 2.5Gbit/s（1+0）光通信电路，D 站通过 C 站和 B 站两点接入光纤通信网；随着 A 站至 C 站线路光缆的建设，D 站至 A 站有直达光缆，D 站满足两点接入光纤通信环网，不需再通过 C 站进行跳接，因此将 D 站至 B 站省网、地网 SDH 2.5Gbit/s（1+0）光通信电路调整为 D 站至 A 站省网、地网 SDH 2.5Gbit/s（1+0）光通信电路。

评审建议方案，A 站至 D 站 220kV 线路电缆敷设段，与 D 站至 C 站 220kV 电缆线路同路径，因此，评审建议方案取消了新建电缆线路光缆敷设，利用 D 站至 C 站已有的 2 根 48 芯 OPGW 光缆；同时将 A 站至 C 站同塔双回段 2 根 24 芯 OPGW 光缆更换为 2 根 48 芯 OPGW 光缆；最终形成 A 站至 C 站、C 站至 D 站各 2 根 48 芯光缆。该方案避免了同路径段重复敷设光缆，且分段加强了光缆的冗余度和可靠性（A 站至 C 站 220kV 线路由 2 根 24 芯 OPGW 光缆提升为 2 根 48 芯 OPGW 光缆）。

就本案例，笔者还是更推荐其他建议方案。

评审要点 ▶▶▶

光缆建设方案在充分利用原有预留资源的同时，也应多方综合线路资源、路径资源、区域光缆整体资源、运维需求等因素，给出最优的光缆建设方案。

案例三

工程类型：220kV 输变电工程
评审类型：初设评审
主要问题：通道组织
评审时间：2021 年 3 月

一、接入系统方案

220kV 出线规模：远期 6 回，本期 4 回，Y 站分别Π接 A 站至 B 站Ⅱ回 220kV 线路和 A 站至 C 站 220kV 线路，最终形成 Y 站至 A 站 2 回 220kV 线路，Y 站至 B 站、Y 站至 C 站各 1 回 220kV 线路。

接入系统现状、接入系统方案如图 6-11、图 6-12 所示。

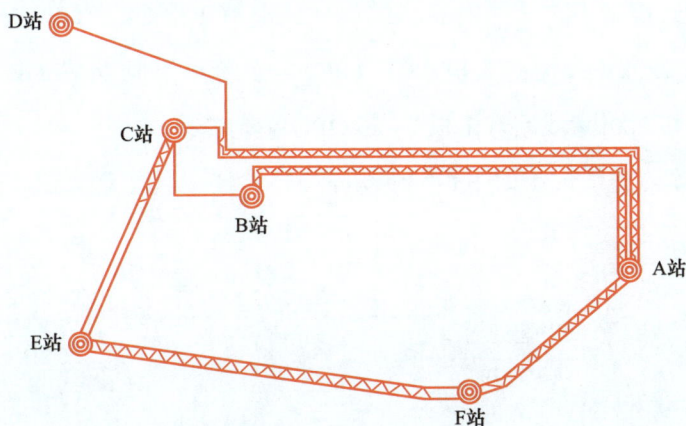

图 6-11 接入系统现状图

二、线路方案及路径选择

本工程采用同塔双回架设方式。

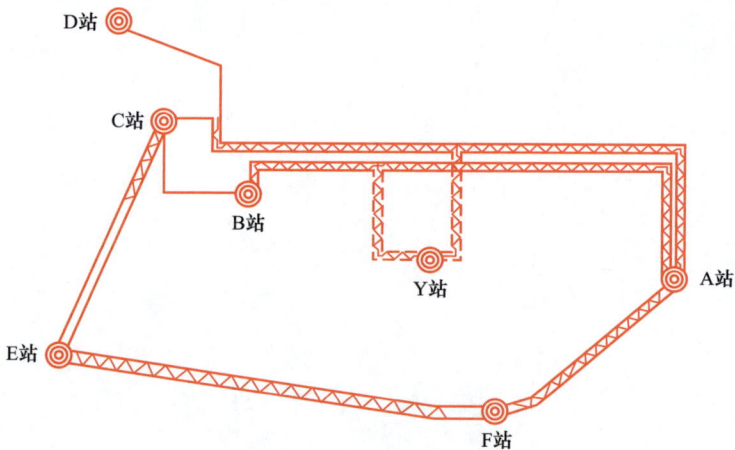

图 6-12　接入系统方案图

三、系 统 通 信 现 状

1. 光缆现状

A 站至 B 站 I、Ⅱ同塔双回 220kV 线路有 1 根 24 芯 OPGW 光缆；B 站至 C 站 220kV 线路有 1 根 48 芯 OPGW 光缆和 1 根 24 芯 OPGW 光缆；A 站至 C 站 220kV 线路有 1 根 24 芯 OPGW 光缆。

相关站点光缆现状如图 6-13 所示。

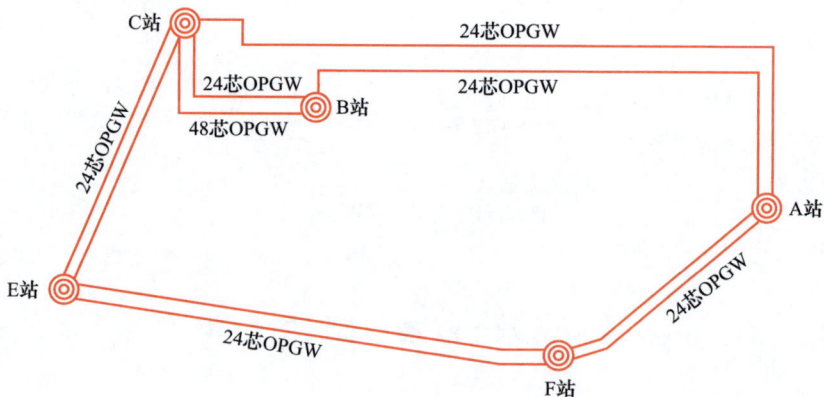

图 6-13　相关站点光缆现状图

2. 光通信电路现状

A 站—C 站—E 站—F 站—A 站、A 站—B 站—C 站均已开通省网
SDH 2.5Gbit/s（1+0）光通信电路，具体如图 6-14 所示。

A 站—C 站—E 站—F 站—A 站已开通地网 SDH 10Gbit/s（1+0）光
通信电路，A 站—B 站—C 站均已开通地网 SDH 2.5Gbit/s（1+0）光通
信电路，具体如图 6-15 所示。

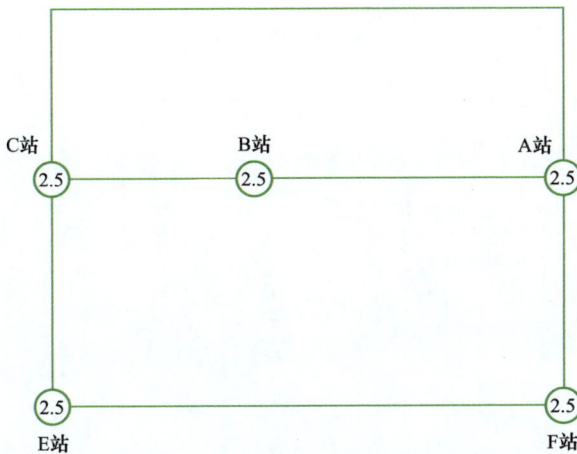

图 6-14　相关区域省网 SDH 光通信电路拓扑图

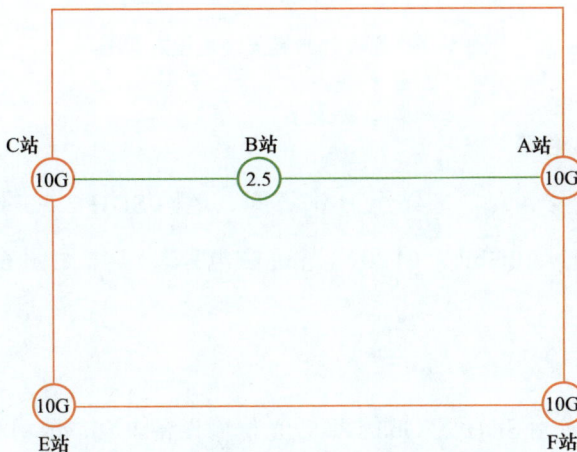

图 6-15　相关区域地网 SDH 光通信电路拓扑图

四、系统通信原设计方案

1. 光缆建设方案

随 Y 站至 Π 接点新建同塔双回 220kV 线路各架设光缆 2 根 72 芯 OPGW 光缆，与原线路各 1 根 24 芯 OPGW 光缆接续，最终形成 Y 站至 A 站 2 根 24 芯光缆，Y 站至 B 站、Y 站至 C 站各 1 根 24 芯光缆。

原设计方案光缆建设方案如图 6-16 所示。

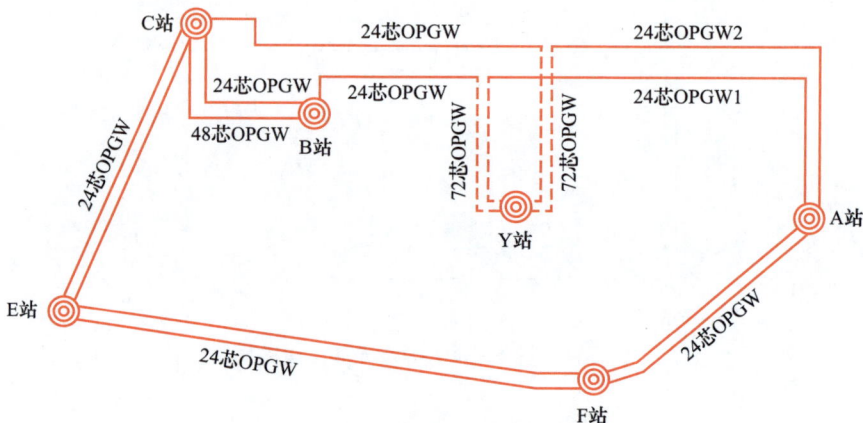

图 6-16　原设计方案光缆建设方案图

2. 光通信电路

建设 Y 站至 A 站、Y 站至 B 站省网、地网 SDH 2.5Gbit/s（1+0）光通信电路、PTN 10Gbit/s（1+0）光通信电路，具体如图 6-17、图 6-18 所示。

3. 设备配置

Y 站配置省网 SDH 2.5Gbit/s 平台光传输设备 1 套、地网 SDH 2.5Gbit/s 平台光传输设备 1 套、汇聚层 PTN 光传输设备 1 套。

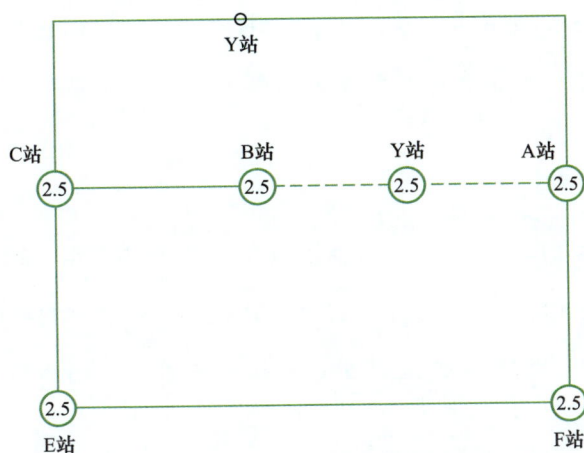

图 6-17　省网 SDH 光通信电路建设方案图

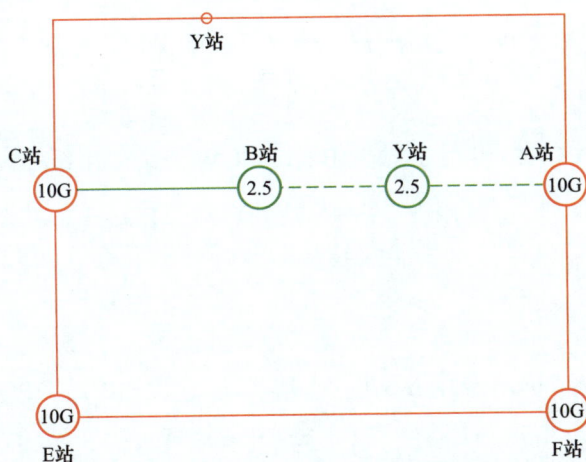

图 6-18　地网 SDH 光通信电路建设方案图

4．保护通道组织

A 站至 Y 站有两回 220kV 线路，每回 220kV 线路配置 2 套光纤差动保护，三条路由，因两回 220kV 线路保护通道一致，因此不再重复描述，通道组织统一如下：

主保护 1：

通道 1（A 口）：专用 A 站至 Y 站 OPGW1 光缆专用纤芯。

通道 2（B 口）：复用 A 站—C 站—B 站—Y 站省网光纤电路 2M 通道（A 站—C 站的光通信电路通过 Y 站跳接，占用了 A 站至 Y 站的 OPGW2 光缆）。

主保护 2：

通道 1（A 口）：专用 A 站至 Y 站 OPGW2 光缆专用纤芯。

通道 2（B 口）：复用 A 站—C 站—B 站—Y 站省网光纤电路 2M 通道（A 站至 C 站的光通信电路通过 Y 站跳接，占用了 A 站至 Y 站的 OPGW2 光缆）。

注：主保护 1 的通道 2 与主保护 2 的通道 2 同路由，均与主保护 2 的通道 1 有重复光缆，均经过了 A 站至 Y 站的 OPGW2 光缆。

Y 站至 B 站 220kV 线路配置 2 套光纤差动保护，通道组织如下：

主保护 1：

通道 1（A 口）：专用 Y 站至 B 站 OPGW 光缆专用纤芯。

通道 2（B 口）：复用 Y 站—A 站—F 站—E 站—C 站—B 站地网光纤电路 2M 通道。

主保护 2：

通道 1（A 口）：专用 Y 站—C 站（跳纤）—B 站 OPGW 光缆专用纤芯。

通道 2（B 口）：复用 Y 站—A 站—F 站—E 站—C 站—B 站地网光纤电路 2M 通道。

Y 站至 C 站 220kV 线路配置 2 套光纤差动保护，通道组织如下：

主保护 1：

通道 1（A 口）：专用 Y 站至 C 站 OPGW 光缆专用纤芯。

通道 2（B 口）：复用 Y 站—A 站—F 站—E 站—C 站省网光纤电路 2M 通道。

主保护 2：

通道 1（A 口）：专用 Y 站—B 站（跳纤）—C 站 OPGW 光缆专用纤芯。

通道 2（B 口）：复用 Y 站—A 站—F 站—E 站—C 站省网光纤电路 2M
通道。

五、评审建议方案

1. 光缆建设方案

光缆建设方案与原设计方案一致。

2. 光通信电路

建设 Y 站至 A 站、Y 站至 C 站省网 SDH 2.5Gbit/s（1+0）光通信电路，
Y 站至 A 站、Y 站至 B 站、地网 SDH 2.5Gbit/s（1+0）光通信电路、PTN
10Gbit/s（1+0）光通信电路，具体如图 6-19、图 6-20 所示。

3. 设备配置

设备配置方案与原设计方案一致。

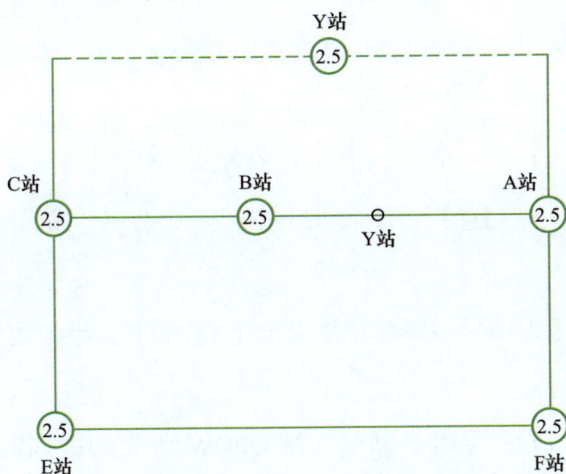

图 6-19　省网 SDH 光通信电路建设方案图

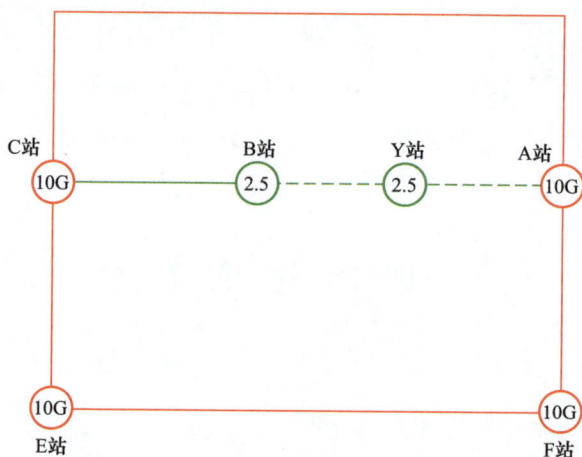

图 6-20　地网 SDH 光通信电路建设方案图

4. 保护通道组织

A 站至 Y 站两回 220kV 线路，每回 220kV 线路配置 2 套光纤差动保护，三条路由，两回 220kV 线路保护通道一致，通道统一组织如下：

主保护 1：

通道 1（A 口）：专用 A 站至 Y 站 OPGW1 光缆专用纤芯。

通道 2（B 口）：复用 A 站—F 站—E 站—C 站—Y 站省网光纤电路 2M 通道。（若采用原省网光通信通道组织方式则增加一个 B 节点）

主保护 2：

通道 1（A 口）：专用 A 站至 Y 站 OPGW2 光缆专用纤芯。

通道 2（B 口）：复用 A 站—F 站—E 站—C 站—Y 站省网光纤电路 2M 通道。

Y 站—B 站 220kV 线路配置 2 套光纤差动保护，通道组织如下：

主保护 1：

通道 1（A 口）：专用 Y 站至 B 站 OPGW 光缆专用纤芯。

通道 2（B 口）：复用 Y 站—A 站—F 站—E 站—C 站—B 站地网光纤电路 2M 通道（光通信电路承载在 C 站至 B 站 48 芯 OPGW 光缆上）。

主保护 2：

通道 1（A 口）：专用 Y 站—C 站（跳接）—B 站 OPGW 光缆专用纤芯（跳接 C 站至 B 站 24 芯 OPGW 光缆）。

通道 2（B 口）：复用 Y 站—A 站—F 站—E 站—C 站—B 站地网光纤电路 2M 通道（光通信电路承载在 C 站至 B 站 48 芯 OPGW 光缆上）。

Y 站至 C 站 220kV 线路配置 2 套光纤差动保护，通道组织如下：

主保护 1：

通道 1（A 口）：专用 Y 站至 C 站 OPGW 光缆专用纤芯。

通道 2（B 口）：复用 Y 站—A 站—F 站—E 站—C 站省网光纤电路 2M 通道。

主保护 2：

通道 1（A 口）：专用 Y 站—B 站（跳接）—C 站 OPGW 光缆专用纤芯（跳接 C 站至 B 站 24 芯 OPGW 光缆）。

通道 2（B 口）：复用 Y 站—A 站—F 站—E 站—C 站省网光纤电路 2M 通道（光通信电路承载在 C 站至 B 站 48 芯 OPGW 光缆上）。

六、评 审 分 析

本方案主要调整了光通信电路及保护通道组织方案，其他未做改动。

1. 光通信电路的调整

本方案将 Y 站至 A 站、Y 站至 B 站的省网 SDH 2.5Gbit/s（1+0）光通信电路，调整为了 Y 站至 A 站、Y 站至 C 站的省网 SDH 2.5Gbit/s（1+0）光通信电路，主要原因为：

就本工程而言，地网 SDH 光通信电路涉及核心环网，根据地区光通信网络整体规划，保持 A 站—（Y 站跳接）—C 站—E 站—F 站—A 站 10Gbit/s 核心环不变，Y 站以 2.5Gbit/s 两点接入 A 站和 B 站。省网 SDH

光通信电路均为 2.5Gbit/s 光通信电路，通信网络结构清晰，不论是原设计方案还是评审建议方案均能满足 Y 站两点接入，而评审建议方案更易于组织保护通道，具体将在保护通道组织中进行详细说明。

2．保护通道的调整

按照《国网信通部关于印发线路保护和安全自动装置光纤通道典型方式安排的通知》（信通通信〔2019〕10 号），220～330kV 交流线路保护装置配置的三条光纤通道路由应保证第一、第二路由相互独立，每套装置 A、B 通信接口的光纤通道路由应相互独立；通道条件具备时，三条路由应相互独立。"双装置 / 双接口、三路由"典型方式，第一套保护 A 口采用第一通道路由，B 口采用第二通道路由；第二套 A 口采用第一通道路由，B 口采用第三通道路由。

本案例共涉及 4 回 220kV 线路保护路由，下面进行具体分析。

（1）Y 站至 A 站 2 回 220kV 线路。因 2 回 220kV 线路保护通道一致，因此不再重复描述，统一说明如下。

原设计方案中给出的路由为：

主保护 1：

通道 1（A 口）：专用 A 站至 Y 站 OPGW1 光缆专用纤芯。

通道 2（B 口）：复用 A 站—C 站—B 站—Y 站省网光纤电路 2M 通道（A 站至 C 站的光通信电路通过 Y 站跳接，占用了 A 站至 Y 站 OPGW2 光缆）。

主保护 2：

通道 1（A 口）：专用 A 站至 Y 站 OPGW2 光缆专用纤芯。

通道 2（B 口）：复用 A 站—C 站—B 站—Y 站省网光纤电路 2M 通道（A 站至 C 站的光通信电路通过 Y 站跳接，占用了 A 站至 Y 站 OPGW2 光缆）。

存在问题：主保护 1 和主保护 2 的通道 2（B 口）复用 A 站—C 站—B 站—Y 站省网光纤电路 2M 通道，而 A 站至 C 站省网光通信电路通过 Y 站跳接，即该复用通道承载在 A 站至 Y 站的 OPGW2 光缆上，与主保护 2 的通道 1 共用光缆，即三个通道共用了 Y 站至 A 站的 OPGW2 光缆，不能归属于三路由。

按原设计方案，其保护通道应组织如下。

主保护 1：

通道 1（A 口）：专用 A 站至 Y 站 OPGW1 光缆专用纤芯。

通道 2（B 口）：复用 A 站—F 站—E 站—C 站—B 站—Y 站省网光纤电路 2M 通道。

主保护 2：

通道 1（A 口）：专用 A 站至 Y 站 OPGW2 光缆专用纤芯。

通道 2（B 口）：复用 A 站—F 站—E 站—C 站—B 站—Y 站省网光纤电路 2M 通道。

调整省网 SDH 光通信电路后，其保护通道可组织如下。

主保护 1：

通道 1（A 口）：专用 A 站至 Y 站 OPGW1 光缆专用纤芯。

通道 2（B 口）：复用 A 站—F 站—E 站—C 站—Y 站省网光纤电路 2M 通道（不再经过 B 站，中间节点减少）。

主保护 2：

通道 1（A 口）：专用 A 站至 Y 站 OPGW2 光缆专用纤芯。

通道 2（B 口）：复用 A 站—F 站—E 站—C 站—Y 站省网光纤电路 2M 通道（不再经过 B 站，中间节点减少）。

（2）Y 站至 B 站 1 回 220kV 线路。原设计方案保护通道组织如下。

主保护 1:

通道 1(A 口):专用 Y 站至 B 站 OPGW 光缆专用纤芯。

通道 2(B 口):复用 Y 站—A 站—F 站—E 站—C 站—B 站地网光纤电路 2M 通道。

主保护 2:

通道 1(A 口):专用 Y 站—C 站(跳纤)—B 站 OPGW 光缆专用纤芯。

通道 2(B 口):复用 Y 站—A 站—F 站—E 站—C 站—B 站地网光纤电路 2M 通道。

该通道组织没有问题,但应注意主保护 2 中的通道 1〔专用 Y 站至 C 站(跳纤)至 B 站 OPGW 光缆专用纤芯〕,主保护 1 和主保护 2 中的通道 2 中的复用通道均应用了 C 站至 B 站的光缆,需说明其承载在不同光缆上。

(3)Y 站至 C 站 1 回 220kV 线路。该线路保护通道满足要求,不再赘述。

评审要点 ▶▶▶

　　220kV 线路保护应双设备,宜三路由。每套保护的第一条保护通道应是独立路由,一般采用专用纤芯;每套保护的第二条保护通道可是重复的路由,一般采用复用 2M。组织保护通道时应注意承载光通信电路的光缆与专用纤芯光缆不应承载在同一根光缆上。"三路由"应是三条通道均为完全不同的光缆、不同的设备,中间不应交叉使用。